高等岩石力学

刘传孝　马德鹏　编著

黄河水利出版社
·郑州·

内 容 提 要

　　高等岩石力学是深入研究岩石力学性能的理论与应用的科学,是探讨岩石对其周围物理环境中力场的反映的力学分支。本书内容涉及土木工程学科相关领域,以使读者能够在掌握岩石力学基本知识的基础上,在脆性岩石断裂理论及岩石的流变性方面拓展认识,达到深入分析岩石破坏机理的水平。岩石破坏是开放的复杂系统,非线性科学理论是研究非线性复杂大系统问题的数理基础。以现代非线性科学为基础,结合岩石工程特点,探讨非线性动力学理论解释岩石破坏机理、应用于解决岩石工程问题的有效性,拓展了研究领域。

　　本书内容主要服务于岩土工程、结构工程、道路桥梁与隧道工程应用,既适宜于相关研究方向的工程技术人员使用,又可应用于土木工程学科研究生的培养。

图书在版编目(CIP)数据

高等岩石力学/刘传孝,马德鹏编著 . —郑州:黄河水
利出版社,2017. 8
ISBN 978 – 7 – 5509 – 1844 – 3

Ⅰ.①高…　Ⅱ.①刘… ②马…　Ⅲ.①岩石力学 – 高
等学校 – 教材　Ⅳ.①TU45

中国版本图书馆 CIP 数据核字(2017)第 227589 号

组稿编辑:李洪良　电话:0371 – 66026352　E-mail:hongliang0013@163. com

出 版 社:黄河水利出版社
　　　　地址:河南省郑州市顺河路黄委会综合楼 14 层　　邮政编码:450003
发行单位:黄河水利出版社
　　　　发行部电话:0371 – 66026940、66020550、66028024、66022620(传真)
　　　　E-mail:hhslcbs@126. com
承印单位:河南承创印务有限公司
开本:787 mm × 1 092 mm　1/16
印张:12.25
字数:283 千字　　　　　　　　　　印数:1—2 000
版次:2017 年 8 月第 1 版　　　　　　印次:2017 年 8 月第 1 次印刷

定价:36.00 元

序　言

　　岩石是自然界最复杂的材料之一,历经亿万年地质演变和构造运动的作用,岩石成为典型的非连续体、非均质体,具有很强的各向异性、流变性和非线性。本书在介绍岩石力学基本知识的基础上,通过实验室内及现场的岩石流变力学特性试验,深入分析岩石流变破坏机理及其工程应用。应用非线性动力学理论探究岩石破坏机理,尝试解决岩石破坏这一开放、复杂系统的演化问题,属于交叉学科范畴,拓展了研究领域。

　　本书共分 11 章,其中:第 1 章从岩石力学与岩体力学的异同出发,引出了岩石工程的地质问题;第 2 章介绍岩石应力状态;第 3 章介绍岩石强度准则与屈服准则;第 4 章介绍岩石力学解析方法,求解了平面问题、圆孔问题,并进行了弹塑性分析;第 5 章介绍岩石力学试验与变形;第 6 章介绍岩石力学有限元法、边界元法、有限差分法、离散元法等数值分析方法,指出了需要注意的问题;第 7 章为岩石力学物理模拟,重点介绍相似材料模拟试验;第 8 章简介了岩石断裂力学理论及准则;第 9 章简介了基于裂纹应力场的岩石损伤力学理论及其应用;第 10 章详细介绍了岩石的流变性及其试验研究途径,进行深井硐室围岩的流变力学特性试验,并比较深入地分析了围岩流变特性的分类关系;第 11 章介绍非线性科学与岩石非线性动力学,在充分阐述岩石(体)力学行为非线性本质特征的基础上,结合作者多年的研究成果,重点探讨了分形几何学、混沌动力学与岩石力学的关系,及其在岩石力学领域的应用现状、存在问题。本书的每章结尾均附有本章小结及思考题,全书最后附参考文献,以方便读者阅读。

　　本书引用了国内外许多学者的教材、著作及相关研究成果,是其知识结构比较完整、逻辑性较强、具有一定实用价值的前提条件。本书的第 1、2、3、4、5、6、7、8、9 章由刘传孝和马德鹏编著,第 10、11 章主要由刘传孝编著。本书的撰写得到了张晓雷、李茂桐、周桐、程传超、张冲、孟琪、李想等研究生的大力帮助,在此表示感谢! 囿于作者水平,不当之处,敬请批评指正。

　　本书的出版得到了国家自然科学基金项目(51004098,51574156)和山东省自然科学基金项目(ZR2014DM019)的支持,谨致谢意!

作　者

2017 年 5 月 18 日　于泰山

目 录

第 1 章　岩石力学与岩体力学

1.1　岩石与岩体的性质

1.1.1　岩石与岩体的区别与联系

　　岩石是在地质作用下产生的,由一种或多种矿物以一定的规律组成的自然集合体,构成了地球的固体部分。按成因岩石分为岩浆岩、沉积岩和变质岩三大类,每类又包含多种岩石。例如变质岩,在地壳组成中约占 25%,包含 2 000 多种岩石。岩石的工程命名可以参考国际岩石力学学会(ISRM,1981)的标准。

　　岩体是地质体,它的形成与漫长的地质年代有关,它是一定工程范围内的自然地质体,经过各种地质运动,内部含有构造和裂隙。岩体具有多样复杂的特性,即使是由相同物质组成的岩体,其力学特性也可能有很大的差异,具有不均质性、地质体、受时间因素影响、受环境因素影响、含有缺陷的特点。

　　岩体描述必须包括岩石和节理两个方面,描述岩石的名称、颜色、矿物组成、蚀变性、母体、晶粒尺度及形状、重度、孔隙率、含水率、强度、硬度、各向异性、耐久性、塑性、膨胀性等。描述节理包括岩块的尺度和形状、节理组数及其类型、节理特征等。

　　岩石与岩体的重要区别就是岩体包含若干结构面。结构面是岩体形成过程中所遗留下来的地质界面,是岩体中各种不连续界面的总称。结构面无受拉强度,或受拉强度很小。根据国际岩石力学学会现场试验标准委员会的建议,结构面的描述可用 10 个节理特性参数,它们是产状、间距、连续状态、粗糙度、面壁岩石强度、裂隙开度、填充物、渗透性、节理组数和岩块尺寸,并且对这些参数都规定了测试方法。在岩石工程中,获取结构面上的各种参数,对于岩体分级、开挖和支护设计都是十分重要的。

　　此外,岩石与岩体的区别还在于岩体是非均质各向异性体,岩体内部存在着初始应力场,岩体内含有各种各样的裂隙系统,处于地下环境、受地下水等因素的影响。

1.1.2　岩石的成因及性质

1.1.2.1　矿物的概念

　　由于岩石是由矿物组成的,所以要认识和分析岩石在各种自然条件下的变化,进而对岩石及其组成的周围环境进行工程地质评价,就必须首先了解矿物。

　　矿物是天然形成的元素单质和无机化合物,其化学成分和物理性质相对均一和固定,一般为结晶质。结晶质为原子(或离子、离子团)按严格规律排列的固体。矿物晶体中离子等排列的格式称为晶体格架或泛称晶体构造,见图 1-1。每种矿物均具有一定的晶体构造,反映在外形上均具有一定的晶体形状即晶形,晶形是区分矿物的重要依据。理想的晶体为规则的几何多面体,如硅酸盐的正立方体晶体及石英的六方双锥晶形,见图1-2。

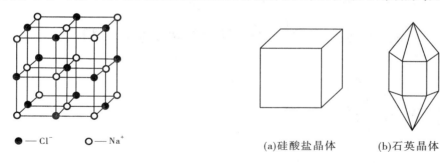

●—Cl⁻　　○—Na⁺

(a)硅酸盐晶体　　(b)石英晶体

图1-1　硅酸盐的晶体构造　　　　　　　图1-2　矿物的晶形

　　自然界中已发现的矿物有2 500多种,但组成常见岩石的矿物仅数十种,这些组成常见岩石的矿物称为造岩矿物,其占地壳重量约为99%,造岩矿物以硅酸盐为主。

　　自然界中的矿物,都是在一定的地质环境中形成的,随后因经受各种地质作用而不断地发生变化。每一种矿物只是在一定的物理和化学条件下才是相对稳定的,当外界条件改变到一定程度后,矿物原来的成分、内部构造和性质就会发生变化,形成新的次生矿物。

1.1.2.2　岩浆岩的成因

　　岩浆岩又称火成岩,是由岩浆冷凝固结所形成的岩石。岩浆位于上地幔和地壳深处,以硅酸岩为主要成分和一部分金属硫化物、氧化物、水蒸气及其他挥发性物质组成的高温、高压熔融体,一般分为基性岩浆和酸性岩浆两大类。基性岩浆富含铁、镁等氧化物,黏性小,流动性大;酸性岩浆富含钾、钠等氧化物和硅酸,黏性较大,流动性小。

　　岩浆经常处于活动状态中,当地壳发生变动或受到其他内力作用时,承受巨大压力的岩浆沿着构造薄弱带上升,侵入地壳或喷出地面。岩浆在上升过程中,由于压力减小,热量散失,经过复杂的物理化学过程,最后冷却凝结形成岩浆岩。

　　岩浆上升侵入周围岩层中所形成的岩石称为侵入岩。根据其规模及形成深度,侵入岩又可分为深成岩和浅成岩两大类。岩浆侵入地壳某深处(约距地表3 km以下)冷凝形成的岩石即为深成岩,由于形成时受岩体大小和环境温度的影响,组成岩石的矿物结晶良好。岩浆沿地壳裂缝上升,在地面以下较浅处(约距地表3 km以上)形成的岩石即为浅成岩,由于岩体较小,温度降低较快,组成岩石的矿物结晶细小。岩浆喷出地表形成的岩浆岩称为喷出岩。

1.1.2.3　沉积岩的成因

　　沉积岩是在地表环境中形成的,沉积物质来自于先前存在的岩石的化学和物理破坏产物。沉积岩是地壳表面分布最广的一种岩石,虽然它的体积只占地壳的5%,但出露面积约占陆地表面积的75%。因此,研究沉积岩的形成条件及其特征性质对工程建筑具有实际意义。

　　沉积岩的形成是一个长期而复杂的地质作用过程,一般可分为风化剥蚀阶段、搬运阶段、沉积阶段和硬结成岩阶段。沉积岩主要由碎屑物质、黏土矿物、化学沉积矿物、有机质及生物残骸、胶结物组成。沉积岩的结构是指沉积岩的组成物质、颗粒大小、形状及结晶程度,分为碎屑结构、泥质结构、结晶结构、生物结构。沉积岩的构造是指沉积岩各个组成部分的空间分布和排列方式,可分为层理构造、层面构造、结核和生物成因构造。

1.1.2.4　变质岩的成因

地壳中已形成的岩石(岩浆岩、沉积岩、变质岩),由于地壳运动和岩浆活动的影响,造成地质环境和物理化学条件的改变,在高温、高压和其他化学因素作用下,使岩石的成分、结构、构造发生一系列变化。由地球内力作用促使岩石发生矿物成分及结构构造变化的作用称为变质作用,由变质作用形成的岩石称为变质岩。

变质作用的因素指在变质过程中起作用的物理化学条件,即引起岩石变质的外部因素,促使岩石变质的因素主要有温度、压力、具化学活动性流体及时间。变质作用分为接触变质作用、区域变质作用、混合岩化作用、动力变质作用。

1.1.3　岩石的工程地质性质

岩石的工程地质性质包括物理性质、水理性质和力学性质三个主要方面。就大多数的工程地质问题来看,岩体的工程地质性质主要取决于岩体内部裂隙系统的性质及其分布情况,但岩石本身的性质起着重要的作用。这里主要介绍有关岩石水理性质的一些常用指标和影响。岩石的水理性质,是指岩石与水作用时的性质,包括吸水性、透水性、溶解性、软化性、抗冻性等。

1.1.3.1　岩石的吸水性

岩石在一定试验条件下的吸水性能称为岩石的吸水性。它取决于岩石孔隙数量、大小、开闭程度和分布情况,表征岩石吸水性的指标有吸水率、饱水率和饱水系数。

岩石吸水率(ω_1):是指岩石在常压条件下吸入水的质量(W_{ω_1})与干燥岩石质量(W_s)之比,用百分数表示。

$$\omega_1 = \frac{W_{\omega_1}}{W_s} \times 100\% \tag{1-1}$$

岩石饱水率(ω_2):是指在高压(150 个大气压)下或真空条件下岩石吸入水的质量(W_{ω_2})与干燥岩石质量(W_s)之比,用百分数表示。

$$\omega_2 = \frac{W_{\omega_2}}{W_s} \times 100\% \tag{1-2}$$

这种条件下,通常认为水能进入所有张开型孔隙中。岩石饱水率反映总张开型孔隙发育程度,可用来间接判定岩石抗冻性和抗风化能力。

岩石饱水系数(K_s):是指岩石的吸水率(ω_1)与饱水率(ω_2)的比值,一般岩石的饱水系数为 0.5 ~ 0.8。

$$K_s = \frac{\omega_1}{\omega_2} \tag{1-3}$$

1.1.3.2　岩石的透水性

岩石的透水性,是指岩石允许水通过的能力。岩石透水性的大小,主要取决于岩石中裂隙、孔隙及孔洞的大小和连通情况。岩石的透水性用渗透系数 k 来表示。渗透系数等于水力坡降为 1 时,水在岩石中的渗透速度,其单位用 m/d 或 cm/s 表示。常见岩石的渗透系数见表 1-1。

表 1-1　常见岩石渗透系数

岩石名称	孔隙情况	渗透系数 $k(\text{cm/s})$
花岗岩	较致密、微裂隙	$1.1 \times 10^{-12} \sim 9.5 \times 10^{-11}$
	含微裂隙	$1.1 \times 10^{-11} \sim 2.5 \times 10^{-11}$
	微裂隙及部分微裂隙	$2.8 \times 10^{-9} \sim 7.0 \times 10^{-8}$
石灰岩	致密	$3 \times 10^{-12} \sim 6 \times 10^{-10}$
	微裂隙	$2 \times 10^{-9} \sim 3 \times 10^{-6}$
	孔隙较发育	$9 \times 10^{-5} \sim 3 \times 10^{-4}$
片麻岩	致密	$< 10^{-12}$
	微裂隙	$9 \times 10^{-8} \sim 4 \times 10^{-7}$
	微裂隙发育	$2 \times 10^{-6} \sim 3 \times 10^{-5}$
砂岩	较致密	$2.5 \times 10^{-18} \sim 1 \times 10^{-13}$
	孔隙较发育	5.5×10^{-6}
页岩	微裂隙发育	$2 \times 10^{-10} \sim 8 \times 10^{-9}$
片岩	微裂隙发育	$1 \times 10^{-9} \sim 5 \times 10^{-8}$

1.1.3.3　岩石的溶解性

岩石的溶解性是指岩石溶解于水的性质,常用溶解度或溶解速度来表示。在自然界中常见的可溶性岩石有石膏、岩盐、石灰岩、白云岩及大理石等。岩石的溶解性不但和岩石的化学成分有关,还和水的性质有很大的关系。淡水一般溶解能力较小,而富含二氧化碳的水则具有较大的溶解能力。

1.1.3.4　岩石的软化性

岩石的软化性是指岩石在水的作用下强度及稳定性降低的一种性质。岩石的软化性主要取决于岩石的矿物成分、结构和构造特征。黏土矿物含量高、孔隙率大、吸水率高的岩石,与水作用容易软化而丧失其强度和稳定性。

岩石软化性的指标是软化系数(K_d),它等于岩石在饱水状态下的极限抗压强度(R_ω)与岩石在风干状态下极限抗压强度(R_d)的比值。其值越小,表示岩石在水作用下的强度和稳定性越差。未受风化作用的岩浆岩和某些变质岩,软化系数大都接近于1,是弱软化的岩石,其抗水、抗风化和抗冻性强;软化系数 $K_d < 0.75$ 的岩石,认为是强软化的岩石,工程性质比较差。

$$K_d = \frac{R_\omega}{R_d} \tag{1-4}$$

1.1.3.5　岩石的抗冻性

岩石孔隙中有水存在时,水一结冰,体积膨胀,就产生巨大的压力。这种压力的作用,会促使岩石强度和稳定性遭到破坏。岩石抵抗这种冰冻作用的能力,称为岩石的抗冻性,可用强度损失率和质量损失率表示岩石的抗冻性能。

强度损失率(R_t)指饱和岩石在一定负温度($-25\ ℃$)条件下,冻融10~25次(视工程具体要求而定,有的要求冻融 100～200 次或更高),冻融前后的抗压强度之差与冻融前抗压强度的比值,以百分数表示。

$$R_t = \frac{R_{s2} - R_{s1}}{R_{s2}} \times 100\% \qquad (1-5)$$

式中　R_{s2}——冻融前饱和岩石抗压强度;

　　　R_{s1}——冻融后饱和岩石抗压强度。

质量损失率(W_t)是在上述条件下,冻融前后干试样质量之差与冻融前干试样质量的比值,以百分数表示。

$$W_t = \frac{W_{s2} - W_{s1}}{W_{s2}} \times 100\% \qquad (1-6)$$

式中　W_{s2}——冻融前干试样质量;

　　　W_{s1}——冻融后干试样质量。

岩石强度损失率与质量损失率的大小,主要取决于岩石张开型孔隙发育程度、亲水性和可溶性矿物含量,以及矿物颗粒间联结强度。张开型孔隙越多越大,亲水性和可溶性矿物含量越多,则强度损失率越高;反之则越低。一般认为,强度损失率 $R_t < 25\%$ 或质量损失率 $W_t < 2\%$ 为抗冻的岩石。此外,吸水率 $\omega_1 < 0.5\%$,软化系数 $K_d > 0.75$,饱水系数 K_s $> 0.6～0.8$,均为抗冻的岩石。

1.1.4　岩体的力学性能

工程岩体与实验室内测试的岩石试件的力学性能有着很大的差别,引起这种差别的主要因素有岩体的非连续性、岩体的非均质性、岩体的各向异性和岩体的含水性等,其中最关键的因素是岩体的非连续性。由于岩体内存在各种不同尺度规模的结构面,所以对于一般的工程岩体而言,宏观岩体一般应视为裂隙介质。有些结构面特别发育的岩体,甚至可以视为碎块体(或散体)介质。只有在坚硬岩体的局部,没有宏观的非连续面时,岩体才宜视为连续介质。

岩体中的结构面对岩体的力学性能有着重要影响。岩体的变形和强度,取决于构成岩体的岩石力学性能和结构面力学性能。由于结构面往往是岩体弱面,所以在一些岩体工程中,结构面的力学性能决定了工程的稳定性,如边坡的层面、大坝坝基中软弱夹层、井巷工程中的断裂破碎带等。

岩体结构面是在岩体生成过程中,以及生成后若干地质年代中,受地质构造作用而形成的,它包括微裂隙、片理、页理、节理、层面、软弱夹层、断层及断裂破碎带等。在工程地质中,把结构面划分为面、缝、层和带。面指岩块间刚性接触,无任何充填的劈理、节理、层面和片理等;缝指有充填物,而且具有一定厚度的裂缝;层指岩层中相对的软弱夹层,不仅由不同物质所组成,而且明显存在上下两个层面,具有一定的厚度;带指具有一定宽度的构造破碎带、接触破碎带等。

结构面弱化了岩体的力学性能,决定了岩体工程的稳定性,导致岩体的各向异性,成为岩体渗流的主要通道,所以结构面的力学性能是岩石力学研究的重要内容。

1.2　地质作用及地下工程的工程地质问题

1.2.1　地质作用

在自然界中所发生的一切可以改变地球的物质组成、构造和地表形态的作用称为地质作用。地质作用在自然界中普遍存在，只不过有的地质作用短暂而猛烈，易于观察，如地震、火山爆发等。有的地质作用长期持续、缓慢地进行，短期内不易觉察，如岩石风化、海陆变迁等。就最终结果而言，猛烈的地质作用可立即产生明显的结果，而缓慢的地质作用只要长期持续进行，同样可以产生甚至更为显著的结果，如世界上最强烈的地震，造成的地面最大位移不超过数米，而喜马拉雅山脉原来是海洋，3 000 万年以来以平均每年不超过 8 mm 的速度持续上升，已变成了今日最雄伟的高山。因此，研究地质作用，不仅要研究地质作用的猛烈程度，同时要研究时间因素的影响。

地质作用的动力来源，一是地球内部放射性元素蜕变产生内热；二是来自太阳辐射热，以及地球旋转力和重力。只要引起地质作用的动力存在，地质作用就不会停止。地质作用实质上是组成地球的物质以及由其传递的能量发生运动的过程。考虑动力来源不同，地质作用常被划分为外力地质作用与内力地质作用两类。

1.2.1.1　外力地质作用

由地球范围以外的能量所引起的地质作用称为外力地质作用。它的能量主要来自太阳辐射能、太阳和月球的引力能以及地球的自重能等。外力作用的主要类型有风化作用、剥蚀作用、搬运作用、沉积作用、成岩作用。

1.2.1.2　内力地质作用

由地球内部能如地球的旋转能、重力能、放射性元素蜕变的热能等所引起的地质作用称为内力地质作用。内力地质作用主要在地下深处进行，并可波及地表。它包括构造运动、地震作用、岩浆作用和变质作用。岩浆岩、变质岩等便是内力地质作用的产物。

1.2.2　地下工程的工程地质问题

地下硐室，系指在地下或山体内部的各类建筑物。地下硐室具有隔热、密闭、抗震、隐蔽性能好、不占耕地面积等许多优点，在国民经济各个部门中被广泛采用，如城市及交通建设中的地下铁道、地下仓库、地下商场、铁路隧道、公路隧道等，水利电力部门的地下厂房、引水隧洞、地下水库等，地下矿山的井巷硐室等，国防工程中的地下飞机场、地下试验站、地下掩蔽部及军事设备器材库等，石油、天然气地下战略储库，核废料地下处置库等。随着经济建设的高速发展，地下硐室的应用将会越来越广，规模也将越来越大。

地下硐室按成因分为人工硐室和天然硐室两大类。人工硐室指由人工开挖支护形成的地下硐室。天然硐室一般指由地质作用形成的地下空间，如可溶岩的溶洞等。地下硐室又可分为过水的和不过水的，有压（内水压力）的和无压的。

地下硐室周围的岩土体简称围岩。狭义上的围岩是指硐室周围受到开挖影响、大体相当于地下硐室宽度或平均直径 3 倍左右范围内的岩土体。围岩的性质直接影响着地下硐室的稳定与安全。

地下硐室的工程地质问题主要包括硐室位置的确定、围岩压力分析、围岩的破坏形式、围岩稳定性的影响因素、保障硐室围岩稳定性的措施、岩体的工程分类等。

1.2.2.1　硐室位置的确定

地下工程建设的首要任务就是硐室位置的确定。硐室位置的选择除取决于工程要求外,主要受地形地貌、岩土性质、地质构造、地下水、地应力及物理地质现象等因素控制。在工程建设中要综合各方面因素,选择最佳硐室位置。

1.2.2.2　硐室围岩压力分析

地下硐室会发生变形甚至破坏,主要是由于围岩压力的作用。狭义上的围岩压力,是指围岩对硐室的支护结构(衬砌)的压力,广义上也指外部岩石对硐室围岩的压力。

硐室开挖前,岩土体一般处于天然地应力平衡状态。硐室的开挖破坏了天然地应力的平衡,使围岩应力重新分布,形成二次应力状态,作用在硐室支护结构上,就是围岩压力。在围岩压力的作用下,硐室产生变形。如果二次应力状态达到了围岩的强度,就会使围岩屈服。此时,如果不采取有效的支护措施,硐室就会发生破坏。正确确定围岩压力,对研究硐室围岩的稳定性有着非常重要的意义。

1.2.2.3　硐室围岩的破坏形式

1. 一般破坏

硐室开挖后,如果没有及时设置支护结构,当围岩应力超过了围岩强度时,便会失稳破坏。即使设置了支护结构,但支护结构抵抗围岩压力和变形的能力不足,也会造成支护结构和围岩的破坏失稳。一般地,硐室围岩的破坏可发生在硐室的顶板、两帮和底板。按发生的部位,破坏可分为冒顶、垮帮和底鼓。

2. 岩爆

在坚硬而无明显裂隙或者裂隙极细微且不连贯的弹脆性岩体中开挖硐室,如果硐室埋深不是很大,硐室净空面积也不太大,则围岩变形很小。例如花岗岩、片麻岩、闪长岩、辉绿岩、白云岩、致密灰岩和硬质细砂岩等,就属于这种坚硬岩石。但在这种条件下经常可遇到一种特殊的围岩破坏,硐室开挖过程中,硐壁岩石有时会骤然以爆炸形式,呈透镜体碎片或者碎块突然弹出或抛出,并发出类似射击的噼啪声响,有时伴有气浪冲击,即"岩爆"、"冲击地压",也有人称其为"山岩射击"。被抛出或弹出的岩块或碎片,大者达几十吨,小者仅几公斤。由于应力解除,抛出的岩块体积突然增加,而在硐壁上留下的凹痕或凹穴的体积突然缩小,被抛出或弹出的岩块或碎片不能返回原处。岩爆对地下硐室常造成危害,可破坏支护结构,堵塞通道,或造成重大伤亡事故。

岩爆多发生在深度大于 200 ~ 250 m 的硐室中,有时深度不大,甚至在采石场或露天开挖中也可发生岩爆。岩爆本质上是在一定条件下围岩弹性应变能突然剧烈释放的过程,如机械开挖、施工爆破和重分布应力(有时有构造应力)的叠加,开挖断面的推进和渐进破坏,引起围岩应力向某些部位高度集中,引发岩爆。这是因为这些扰动或应力集中作用会造成围岩局部脆性破裂,引起围岩的弹性冲击与振荡。当这些冲击与振荡同步相遇时,围岩应力会突然增加到极大值,尤其是在围岩应力增高区内,应力已接近围岩极限强度,一旦受到扰动或应力集中作用,围岩便以爆炸形式,骤然而剧烈地破坏,形成岩爆。

3. 局部破坏

在稳定岩体中开挖硐室,虽然不发生大规模的失稳或破坏,但仍可能出现硐室周边围岩小块体的局部掉落破坏。例如,围岩中存在两组或两组以上的结构面和临空面的不利组合,结构面的风化潮解,施工中的爆破松动作用,都可能造成硐室围岩的局部破坏。局部落石破坏的形式主要表现为岩块沿弱面拉断、滑移、塌落或滑动,主要是由于围岩自重引起的,围岩应力属次要因素。

4. 围岩破坏导致的地面沉降

硐室围岩的变形与破坏,导致硐室周围岩体向硐室空间移动。如果硐室位置很深或其空间尺寸不大,围岩的变形破坏将局限在较小范围以内,不致波及地面。但是,当硐室位置很浅或其空间尺寸很大时,顶板围岩的塌落会波及地表,导致地面沉降。特别是在矿山工程中,地下开采常留下很大范围的采空区,围岩破坏后造成地面沉降,严重时出现地面塌陷和裂缝。矿山采空区上覆岩体变形与破坏,常有明显的分带性。

(1)塌落带。塌落带系指开挖空间顶板及上覆岩层因破坏而塌落的地带。塌落岩体破碎松散后,体积增大。随着塌落破坏向上扩展,采空区整个空间逐渐被破碎岩石填满,塌落过程也随之结束。

(2)裂隙带。塌落带上方为裂隙带。这一带岩体弯曲变形较大,位于采空区上方岩体的每一分层的下缘产生较大拉应力,两侧承受较大剪应力,因而岩体中出现大量裂隙,整体性遭到严重破坏。

(3)弯曲带。裂隙带以上、有时直至地面的这一带,称为弯曲带。从整体上看,该带岩体只在自重作用下产生弯曲变形而不再破裂,仅在弯曲部位两侧或在地面沉降区边缘、因弯曲变形而出现拉应力的部位,产生一些随深度增加而逐渐闭合的张性裂隙。

1.2.2.4　硐室围岩稳定性的影响因素

影响围岩稳定性的因素很多,也很复杂,有天然的,也有人为的。天然因素中经常起控制作用的主要有岩石特性、地质构造、岩体结构、地下水与岩溶作用、构造应力等,人为因素有硐室跨度、开挖方法、支护方式、支护时间等。

1. 岩石特性

在坚硬完整岩石中开挖硐室,一般围岩稳定性比较好。而在软弱岩石中建造硐室,则由于岩石强度低、抗水性差,受力容易变形和破坏,围岩稳定性比较差。

2. 地质构造

地质构造对围岩稳定性的影响很大。在地质构造运动中,坚硬和软弱岩层接触面常会发生错动,形成厚度不等的层间破碎带,大大破坏了岩体的完整性。硐室穿过坚硬和软弱相间的层状岩体时,易在接触面处变形或塌落。硐室轴线若与岩层走向近于直交,可使硐室通过软弱岩层的长度较短。若硐室轴线与岩层走向近于平行,而硐室不能完全布置在坚硬岩层里,硐室断面又通过不同岩层时,则应适当调整硐室轴线高程或左右位置,使围岩得到较好的稳定性。硐室应尽量设置在坚硬岩层中,或尽量把坚硬岩层作为直接顶板岩石。

褶皱的形式、疏密程度及其轴向与硐室轴线的交角不同,围岩稳定性是不同的。硐身横穿褶皱轴,比平行褶皱有利。硐室沿背斜轴部通过,顶板岩层向两侧倾斜,由于拱的作用,有利于硐室顶板的稳定。而向斜则相反,两侧岩体倾向硐内,并因硐顶存在张裂,对围岩稳定不利。另外,向斜轴部多易储聚地下水,且多承压,更削弱了岩体稳定性。硐室通过复杂形式褶皱,如不对称的、平卧的、倒转的、扇形的或箱形的褶皱,挤压疏密程度和岩石破碎程度不同,地下水动力条件各异,对围岩稳定的影响不同,应作具体分析。

硐室通过断层时,断层带宽度愈大,走向与硐轴交角愈小,断层在硐内的出露距离便愈长,对围岩稳定的威胁便愈大。断层带破碎物质的碎块性质及其胶结情况也都影响围岩稳定性。此外,各类构造岩的透水性差异很大,地下水运移方式和富集情况也各异。断层带地下水的水动力条件,常是分析围岩稳定的重要依据。

3. 岩体结构

层状或块状岩体中的围岩破坏,常常是因为有不利于围岩稳定的岩体结构存在。围岩中几组结构面组合,构成一定几何形态的结构体、分离体,造成围岩的塌落、滑塌。但只有当围岩结构体或分离体的尺寸小于硐室尺寸时,硐室围岩才不稳定。

围岩分离体有楔形、锥形、棱形、方形等,常出现在顶板、底板或侧壁。围岩分离体的形状、大小和方位,都会对围岩稳定性产生不同的影响。

4. 地下水与岩溶作用

硐室通过含水层,便成为排水通道,改变了原来的地下水动力条件,裂隙水常以管状或脉状方式溃入硐内。在较大断层破碎带或延伸较远的张开裂隙中,常常有大量地下水涌出。如果硐室通过向斜轴部,地下水常以承压水的形式出现,流量和压力都很大。在灰岩中开挖的硐室如遇地下暗河或其他集中水流时,涌水量会突然增加。地下水通过断层、裂隙、破碎带或裂隙密集带流向硐内,水力梯度有时会很大,可能产生机械潜蚀,严重者可形成流砂。地下水还会使软弱夹层软化或泥化,使岩体强度大大降低。有压硐室还应考虑内水压力与外水压力对稳定性的影响。有的地下水对硐室混凝土衬砌还有一定侵蚀作用,也应引起足够重视。岩溶洞穴在我国西南地区很普遍,华北某些地方也有发育。东北岩溶溶洞数量不多,但也有个别溶洞长达几公里。大溶洞可作为地下建筑的场所,但有时反而对工程不利,威胁硐室围岩的稳定和施工人员及设备的安全。

5. 构造应力

构造应力具有明显的方向性,对地下硐室围岩的变形和破坏影响极大。在硐室布置及结构设计时,应尽量满足"等应力轴比"、"零应力轴比"或"无拉力轴比",硐室轴线方向应尽量与最大主应力方向一致,较大尺度方向尽量与较大构造压应力方向一致。

6. 硐室跨度

不同用途的硐室跨度不同,围岩压力也不同。硐室跨度越大,围岩的变形压力和松动压力越大,围岩的稳定性也就越差。

7. 开挖方法

不同开挖方法指的是采用普通开挖方法(爆破方法)或者采用机械掘进方法。采用爆破方法开挖时,又分为普通爆破方法和光面爆破方法。大断面硐室的开挖,又分为全断面一次开挖和分步开挖。分步开挖又分为上导洞开挖和侧导洞开挖。开挖方法不同,对围岩的扰动程度不同,对围岩的稳定性影响也就不同。一般地,机械掘进对围岩的扰动最小,普通爆破开挖对围岩的扰动最大,光面爆破开挖对围岩的扰动介于前两者之间。

8. 支护方式

支护方式对围岩稳定性的影响主要体现在支护的刚度、及时性、密闭性及深入性。根据围岩－支护共同作用原理,支护结构的刚度不宜过大,也不宜过小。宜采用能及时封闭围岩、加固深部围岩的支护方式。

9. 支护时间

根据围岩－支护共同作用原理,支护设置不宜过晚,过晚会使围岩松动,使支护结构承受过大的松动压力;支护设置也不宜过早,过早会使支护承受的荷载过大,可能造成支护结构的破坏。由于围岩本身是一种很难用定量方法准确描述的介质,可结合围岩变形实时观测,逐步加强支护结构,从而达到既保持围岩稳定,又节约支护成本的目的。

1.2.2.5 保障硐室围岩稳定性的措施

根据对硐室围岩稳定性影响因素的分析可知,要保障硐室围岩稳定性,必须从两方面入手:一是尽量保护围岩原有稳定性;二是赋予围岩一定的强度,提高其稳定性。保障围岩原有稳定性的措施主要是采用合理的施工和支护方案,赋予围岩强度的措施主要是加固围岩。

1. 合理的施工方案

要保障围岩稳定性,应针对围岩稳定性程度,选择合理的施工方案。基本原则是尽量减少对围岩的扰动,及时封闭围岩,设置支护结构。对于大断面硐室,可采用分步开挖,例如上导洞施工法、侧导洞施工法、台阶法;对于断面不大的硐室,只要条件允许,就可以采用全断面一次性开挖掘进。不管是分步施工法还是全断面施工法,都可以分别采用爆破法和机械开挖法。

2. 合理的支护方案

支护包括支撑、衬砌与锚喷、锚注。支撑是临时性保护围岩的结构,主要是用木结构或钢结构的支架支撑围岩,手续简便,开挖后可立即设置,可防止围岩早期松动,是保障围岩稳定性的简单易行的办法。衬砌是永久性加固围岩的结构,即在硐室内用条石、混凝土预制块、现浇混凝土或钢筋混凝土砌筑一定厚度的内壁。由于传统的支护结构(支撑、衬砌等)不能与围岩均匀接触,围岩与支护结构之间易产生应力集中,使围岩或支护结构过早破坏。喷浆护壁、喷射混凝土、锚杆加固、锚注加固等,与前述衬砌有许多相同的作用,但成本低得多,既能加固硐壁,也能加固深部围岩,能充分利用围岩自身强度来保护围岩并使之稳定。

锚杆支护是目前地下硐室工程中大量使用的一种提高围岩稳定性的措施。将锚杆插入围岩,将硐周松动围岩锚固到深部稳定围岩上,防止围岩坍塌,如图 1-3 所示。锚杆的力学作用有悬吊作用、组合作用、改善围岩应力状态等。锚杆的悬吊作用是指锚杆可将不稳定的岩层悬吊在坚固的岩层上,以阻止围岩移动或滑落,如图 1-3(a)所示。组合作用是指在层状岩体中打入锚杆,把若干薄岩层锚在一起,类似于将叠置的板梁组成组合梁,如图 1-3(b)所示,从而提高了顶板岩层的自承能力;另一方面,深入围岩内部的(预应力)锚杆承受拉应力,锚杆锚固范围的岩体承受压应力,按一定间距排列的锚杆系统会造成锚杆加固范围内的压应力拱,也就是组合拱,如图 1-3(c)所示,提高了围岩的整体稳定性。锚杆的改善围岩应力状态作用是指在安装锚杆时施加预应力,锚杆系统对围岩造成一个较为均匀的径向压力,使围岩内的应力条件得到改善。总之,锚杆支护的特点在于"主动"加固围岩,可有效地提高围岩自承能力,提高硐室围岩稳定性。

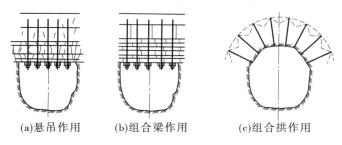

(a)悬吊作用　　　(b)组合梁作用　　　(c)组合拱作用

图 1-3　锚杆支护作用示意图

3. 新奥法简介

新奥法全名为"新奥地利隧道施工法",英文名为"New Austrian Tunnelling Method",简称"NATM"。它是奥地利的拉布西维兹(L. V. Rabcewicz)教授等在长期从事隧道施工实践中,从岩石力学的观点出发而提出的一种合理的施工方法,是采用喷锚、施工测试等技术,与岩石力学理论结合,形成的一种新的、系统的隧道工程施工方法。1980 年,奥地利土木工程学会地下空间分会把新奥法定义为:"在岩体或土体中设置的、以使地下空间周围岩体形成一个中空筒状支承环结构为目的的设计施工方法"。这个定义扼要地提示了新奥法最核心的问题——充分发挥围岩自身的承载能力,促使围岩本身变为支护结构的重要组成部分,使围岩与构筑的支护结构共同形成坚固的支承环。

新奥法是应用岩体力学原理,以维护和利用围岩的自稳能力为基点,将锚杆和喷射混凝土集合在一起作为主要支护手段,及时进行支护,以便控制围岩的变形与松弛,使围岩成为支护体系的组成部分,形成了以锚杆、喷射混凝土和隧道围岩三位一体的承载结构,共同支承围岩压力。通过对围岩与支护的现场量测,及时反馈围岩 – 支护复合体的力学动态及其变化状况,为二次支护提供合理的设置时机。通过监控量测反馈的信息,及时指导隧道和地下工程的设计与施工。

新奥法构筑隧道的主要特点是,在了解岩体力学特性和围岩应力特性的基础上,考虑隧洞掘进时的空间效应和时间效应对围岩应力与变形的影响,通过多种量测手段,对开挖后隧道围岩进行动态监测,并以此指导隧道支护结构的设计与施工。它集中体现在围岩压力、围岩变形、支护结构种类、支护结构的施筑时机这四者的关系上,贯穿地下工程的设计与施工的全过程。

新奥法是地下工程设计与施工的新技术,目前已广泛应用于铁路隧道、公路隧道、城市地下铁道、矿山井巷、军工及水电等地下工程。

1.2.2.6　岩体的工程分类

在工程实践中,对岩体的工程地质类型如何划分,具有很重要的实用意义。岩体分类的目的是对各类岩体的承载力及稳定性作出评价。因此,正确的分类可以指导建筑物的设计、施工及基础处理。

岩体分类经历了从单指标分类到多种参数的综合分类,从定性到定量评价岩体质量的发展过程。由于岩体分类有了量的标准,所以减少了定性分类中的人为性,加深了地质人员与设计人员及施工人员之间的认识,在指导工程设计和施工等方面取得了明显的成绩。

一般认为,在工程建设的不同阶段,围岩分类的详细程度应有所不同。在工程规划和初步设计阶段,围岩分类应以定性为主,主要依据地质测绘和勘察。在工程设计和施工阶段,围岩分类应针对专门的对象,如为设计提供依据的分类,主要依据为地质测绘资料、地质详细勘察资料、岩石的现场及实验室的试验数据等,分类指标一般是半定量和定性的。为隧道施工钻爆提供依据的围岩分类,应根据实际资料对围岩分类进行补充修正,分类的依据应是岩石开挖暴露后的实际情况。

本章小结

本章介绍了岩石和岩体的定义及区别,描述了岩石与岩体的组成结构,阐述了岩石水理性质。介绍了地下工程岩石力学的特点,分析了地质作用对岩石及地下岩土工程结构的影响,描述了地下硐室围岩破坏的形式、稳定性影响因素及硐室围岩稳定性的措施。

思考题

1. 何谓岩石力学?谈谈你对岩石力学的认识和看法。
2. 自然界的岩石按地质成因可分为几大类?各有什么特点?
3. 表示岩石水理性质的主要指标及表示方法是什么?
4. 简要叙述岩体结构的类型与特征。
5. 岩石受哪些地质作用影响?地下工程有哪些地质问题?

第 2 章　岩石应力状态

2.1　力与应力

2.1.1　力

物体所受到的力与应力是不能直接看到的,只能从它们对物体作用产生的效应才能观察出来。牛顿最早引入力的概念,把力定义为使物体产生运动的原因,并由著名的牛顿第二定律表示为物体质量与产生加速度的乘积。现在,力的概念已经不限于在力学中,而把各种产生某种效应(光、声、热、电、电磁波动等)的原因都称为"力",这不过是力的概念的一种延伸罢了。在连续介质力学中,"力"的概念被严格地限制在牛顿的定义范畴内。

2.1.2　应力

牛顿提出力的定义几百年后,才提出应力的概念。应力指单位面积上所受力的大小,是研究材料强度时引入的。在岩石工程中,由岩体表面的运动才能直接观察到力与应力。例如,地面上的滑坡、地下硐室周边的挤压变形、地下采矿中的岩爆现象等。物体内一点的力和应力,如图 2-1 所示。

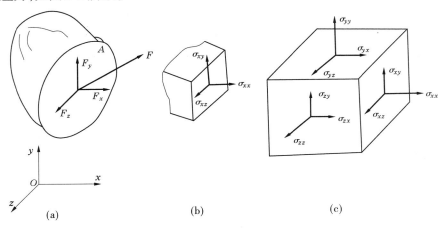

图 2-1　力和应力

力 F 是物体内一点 x 方向切面 A 上所受到的力,采用 F 的 3 个分量 F_x、F_y、F_z 表示,按照应力的定义即可得到该点的 3 个应力分量 σ_{xx}、σ_{xy}、σ_{xz}。相似地,取过该点的 y、z 方向平面上所受到的力,也可得到相应的 3 个应力分量,在 y 方向作用面上为 σ_{yx}、σ_{yy}、σ_{yz},在 z 方向作用面上为 σ_{zx}、σ_{zy}、σ_{zz}。

这样,物体内一点的应力一般可表示为如图 2-1(c)所示。注意图中仅画出 3 个正方向作用面上的应力分量。一点的应力分量一般用 σ_{ij} 表示,其下标第一个字母 i 表示应力作用面的方向,第二个字母 j 表示应力的作用方向,一点的应力通常用应力张量来表示,写作

$$\sigma = \begin{pmatrix} \sigma_{xx} & \sigma_{xy} & \sigma_{xz} \\ \sigma_{yx} & \sigma_{yy} & \sigma_{yz} \\ \sigma_{zx} & \sigma_{zy} & \sigma_{zz} \end{pmatrix} \tag{2-1}$$

可以证明 $\sigma_{ij} = \sigma_{ji}$,即剪应力互等。于是,一点的应力情况完全可以由 6 个独立无关的应力分量 σ_{xx}、σ_{xy}、σ_{xz}、σ_{yy}、σ_{yz}、σ_{zz} 确定。若一点的应力仅仅存在法向应力,各作用面上的剪应力皆为零,则称该点为主应力状态。

如果不考虑构造运动产生的作用,一般沉积岩体的自重应力可认为是处于主应力状态,且为压应力,如图 2-2(a)所示。

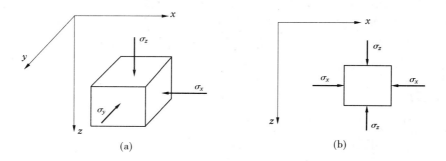

图 2-2　自重应力

根据对称性,可以确定 $\sigma_x = \sigma_y$,于是岩体的自重应力状态叫作平面应力状态。在岩石力学中,为方便起见,常以压应力为正,图 2-2 中的应力都为压应力。

为了确定岩体自重作用下的应力状态,由图 2-3 所示的平衡条件可得

$$\left.\begin{aligned} \frac{\partial \sigma_z}{\partial z} &= \gamma \\ \frac{\partial \sigma_x}{\partial x} &= 0 \end{aligned}\right\} \tag{2-2}$$

这里,γ 为岩体的重度,一般随深度 z 而变。

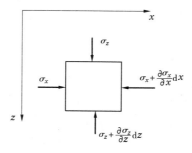

图 2-3　平衡条件

由变形协调条件可得

$$\left(\frac{\partial^2}{\partial x^2} + \frac{\partial^2}{\partial y^2} \right)(\sigma_x + \sigma_z) = 0 \tag{2-3}$$

求解这个问题还得满足边界条件：当 $z = 0$ 时，$\sigma_z = 0$。

若设岩体的应力状态为

$$\left. \begin{array}{l} \sigma_z = \gamma z \\ \sigma_x = \lambda \gamma z = \lambda \sigma_z \end{array} \right\} \tag{2-4}$$

则式(2-2)和式(2-3)都得到满足，且满足边界条件。这里，z 代表距离地面的深度，λ 为常数，称为侧压力系数。这组应力状态完全是由于岩体的自重所产生的，为均质岩体在自重作用下的一种初始应力状态。

若岩体的重度 γ 是随地表的深度变化的，则可将各个地层岩体的重度表示为 γ_1，γ_2，γ_3，$\cdots$，γ_n，相应各层岩体的厚度为 h_1，h_2，h_3，$\cdots$，h_n，注意到 $\sigma_x = \sigma_y$，于是式(2-4)可以表示为

$$\left. \begin{array}{l} \sigma_z = \sum_{i \leqslant 1}^{n} \gamma_i h_i \\ \sigma_x = \sigma_y = \lambda \sigma_z \end{array} \right\} \tag{2-5}$$

由式(2-2)和式(2-4)可知，岩体的自重应力是随深度增长的，在一定的深度范围内自重应力较小，岩体处于弹性状态；当深度超过一定的限度时，岩体自重应力超过了岩体的弹性范围，岩体就可能处于弹塑性状态。不过由于地层深处岩体的变形受到限制，不一定会引起塑性流动，但是岩体的非均质性和各种裂缝或裂隙的存在会导致岩体的应力场发生变化，岩体自重应力场也变得更为复杂，使得岩体内部的裂缝或裂隙进一步破坏，这种作用的长期积累，使我们能客观地认识岩体应力所产生的地震、岩爆、开挖变形等效应。

2.2　岩石(体)应力状态

在实验室条件下或岩石工程中的一些特殊情况下，可能出现以下一些简单的应力状态：

(1)单向应力状态。岩石内一点仅受一个方向的主应力作用，如岩石单向压缩试验、采矿工程中细高矿柱的中段部分。

(2)双向应力状态。三个主应力中有一个主应力为零。严格的双向应力状态如薄板、膜内的应力，由于垂直于板、膜方向的应力为零，是较典型的双向应力状态。严格来说，岩石工程中的双向应力状态很少见，仅在岩体的自由表面，岩体开挖面可认为是双向应力状态。由于岩体工程中有许多问题可以简化为平面应变问题，熟悉平面应力状态的理论和方法是十分必要的。

2.2.1　岩体的应力状态

2.2.1.1　静水应力状态

岩体中的静水应力状态指的是岩体内一点完全处于主应力作用，各个方向的主应力大小相等的特殊应力状态。这就像一固体颗粒浸入水中，由于液体不能抵抗剪应力作用，

使得三个主应力等于所受到的静水压力。用应力张量表示为

$$\sigma = \begin{pmatrix} \sigma & & \\ & \sigma & \\ & & \sigma \end{pmatrix} \qquad (2\text{-}6)$$

　　岩体中某些情况下可近似认为处于静水应力状态。例如,地下水流动十分缓慢时,附近的岩体的孔隙和缝隙与地下水贯通,岩体受到的压力就等于孔隙水压,孔隙水压可以按地下水柱的高度直接计算;深层岩体所处的高地应力状态;高温作用时的温度应力也可近似地认为处于等静力应力状态。若岩体处于塑性状态,其抗剪强度几乎丧失,其力学性能近似流体也可作为等静力应力状态。实际上强度高的岩石可能在几十千米的地下丧失其抗剪强度,而强度低的岩石或塑性强的岩石则可能在靠近地表不是很深处就像黏性流体一样达到等静力应力状态。例如,软的泥岩可能在几十米深处,盐岩或钾岩可能在几百米深即达到等静力应力状态。地球的内核和地幔下部可以近似为等静力应力状态。

　　等静力应力状态是岩体中的一种特殊应力状态,一般岩石工程很难达到这样的一种状态。在工程上,岩体进入塑性流动后,只要忽略其抗剪强度和自重的影响,即可达到等静力应力状态。

2.2.1.2　构造应力

　　由于地质构造作用使岩体产生很大的塑性变形而导致其形态的改变,这种形变一旦受到约束,就会在岩体内产生约束力,这种由于地质构造作用在岩体中残存下来的应力,叫作构造应力。

　　地质构造运动主要是由于地壳板块的运动产生的。地壳的刚性板块与地幔之间的对流运动大约以每年 12 mm 的速度进行,其运动方向随地域有所不同,有的地方是相互分离,有的地方是相互接近,或上下层面错层剪切。地球上的地震带就是这种板块运动集中显现的区域,靠近地震带的地方,新的裂缝产生,旧的裂缝被激活,挤压板块升、降,或水平错动、剪切,从而在板块边缘附近区域产生应力重分布。这种由于板块运动所导致的应力变化是岩体构造应力的主要部分。地壳的板块运动理论可以解释许多地球物理现象,限于目前的技术水平,对于板块运动产生的构造应力场至今尚无监测结果或记录结果。

　　目前关于构造应力的认识仅仅是根据地球物理学的成果来得到的。发生在地壳内几百千米的板块挤压所产生的地震记录,表明在发震的板块下,地壳实际具有抗震能力,这是因为该处的岩石处于流变态或蠕变态,能吸收地震能量,不一定产生高温或高压破坏。在地壳内 5 ~ 10 km 处,剪应力可能最大;在更大的深度处,剪应力就逐渐减小。

　　工程上发现,构造应力的显现特征是岩体中的水平应力大于垂直的自重应力。在一般情况下,岩体的自重应力大于水平应力,即侧压力系数 $\lambda < 1.0$。但是,许多地应力的测量结果表明存在 $\lambda > 1.0$ 的情况,例如澳大利亚雪山水电站测得 $\lambda = 2.6$,即水平应力为自重应力的 2.6 倍。美国波尔特坝基,岩石为角砾岩,测得 $\lambda = 3.0$,在很多矿井内的应力测量也表明水平应力比自重应力高,且随矿井埋深增加,侧压力系数有增加的趋势。

2.2.1.3　岩体中的其他应力

　　除前面已经讲述的自重应力、静水压力、构造应力外,引起岩体应力的变化因素,还有以下几个方面。

1. 岩石各向异性的影响

大多数层状岩体在层面方向的刚度比垂直于层面方向的刚度大，并且随深度的增加而增加。岩体受荷载作用后产生变形使得应力按岩体的刚度大小分配。因此，岩层水平应力将大于垂直方向的应力。实测表明，坚硬层状岩体在节理不十分发育的情况下，测出的水平应力常常大于垂直应力。

2. 地形的影响

地形起伏、河流、山谷切割的高山与丘陵对岩体应力形成一种地貌影响。在山地，靠山顶的岩体主应力线基本上是与山体的等高线一致的。

3. 地震应力

由于地震的作用使岩体产生运动时有惯性力，地震波在岩体中传播时有地震应力。一般情况下，地震应力的作用如果不使岩体产生塑性变形，则在岩体产生的弹性应力可以完全恢复，但是在近震区，岩体在地震应力的作用下会产生很大的塑性变形，地震后残余应力难以消失，从而使得岩体的初应力场发生变化。

2.2.2 岩体的力学性质

2.2.2.1 岩体的变形

岩体变形是评价工程岩体稳定性的重要指标，也是岩体工程设计的基本准则之一。例如，在修建拱坝和有压隧洞时，除研究岩体的强度外，还必须研究岩体的变形性能。当岩体中各部分的变形性能差别较大时，将会在建筑物结构中引起附加应力；或者虽然各部分岩体变形性质差别不大，但如果岩体软弱，抗变形性能差，则将会使建筑物产生过量的变形等，这些都会导致工程建筑物破坏或无法使用。

由于岩体中存在有大量的结构面，结构面中还往往有各种充填物。因此，在受力条件改变时，岩体的变形是岩块材料变形和结构变形的总和，而结构变形通常包括结构面闭合、充填物压密及结构体转动和滑动等变形。在一般情况下，岩体的结构变形起着控制作用。目前，岩体的变形性质主要通过原位岩体变形试验进行研究。

2.2.2.2 岩体的强度

1. 节理岩体强度分析

在实际工程中遇到均质岩体的情况不多，大多数情况岩体强度主要由结构面（不连续面）所决定。这些结构面各种各样，有的大到断层，有的小到裂隙和细微裂隙。一般而言，细微裂隙可在研究岩块强度性质时加以考虑，宽度大于 20 mm 的结构面应当加以单独考虑、具体分析，其余的结构面则在研究岩体强度中考虑。这些结构面有的是单独出现或多条出现的，有的是成组出现的，有的有规律，有的无规律。这里，把成组出现的有规律的裂隙称为节理，其相应的岩体称为节理岩体，其强度必然受到岩块和结构面强度及其组合方式（岩体结构）的控制。一般情况下，岩体的强度既不同于岩块的强度，也不同于结构面的强度。但是，如果岩体中结构面不发育，呈整体或完整结构，则岩体的强度大致与岩块接近，可视为均质体。如果岩体将沿某一特定结构面滑动破坏，则其强度取决于结构面的强度。这是两种极端情况，比较容易处理。困难的是节理裂隙切割的裂隙化岩体强度的确定问题，其强度介于岩块与结构面强度之间。

　　岩体强度是指岩体抵抗外力破坏的能力,和岩块一样,也有抗压强度、抗拉强度和剪切强度之分。但对于节理裂隙岩体来说,抗拉强度很小,工程设计上一般不允许岩体中有拉应力出现。实际上,岩体抗拉强度测试技术难度大,目前对岩体抗拉强度的研究很少。

　　2. 结构面对岩体强度的影响分析

　　岩体的强度在很大程度上取决于结构面的强度,这主要是因为结构面的自然特征与力学性质对裂隙岩体强度具有控制性影响。

2.2.2.3　岩体中结构面的力学性质

　　结构面的力学性质主要包括变形性质(法向变形、剪切变形)与强度性质(抗压强度、抗剪强度)。

　　1. 法向变形

　　(1)压缩变形。在法向荷载作用下,粗糙结构面的接触面积和接触点数随荷载增大而增加,结构面间隙呈非线性减小,应力与法向变形之间呈指数关系,如图 2-4 所示。这种非线性力学行为归结于接触微凸体弹性变形、压碎和间接拉裂隙的产生,以及新的接触点、接触面积的增加。当荷载去除时,将引起明显的后滞和非弹性效应。

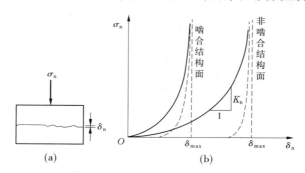

图 2-4　结构面法向变形曲线

　　Goodman(1974 年)通过试验,得出法向应力 σ_n 与结构面闭合量 δ_n 的关系为

$$\frac{\sigma_n - \xi}{\xi} = s\left(\frac{\delta_n}{\delta_{max} - \delta_n}\right)^t \tag{2-7}$$

式中　ξ——原位应力,由测量结构面法向变形的初始条件决定;

　　　　δ_{max}——最大可能的闭合量;

　　　　s、t——与结构面几何特征、岩土力学性质有关的两个参数。

　　图 2-4 中,K_n 称为法向变形刚度,反映结构面产生单位法向变形的法向应力梯度,它不仅取决于岩石本身的力学性质,更取决于粗糙结构面接触点数、接触面积和结构面两侧微凸体相互啮合程度。通常情况下,法向变形刚度不是一个常数,与应力水平有关。根据 Goodman(1974 年)的研究,法向变形刚度可表示为

$$K_n = K_{n0}\left(\frac{K_{n0}\delta_{max} + \delta_n}{K_{n0}\delta_{max}}\right)^2 \tag{2-8}$$

式中　K_{n0}——结构面的初始刚度。

　　Bandis 等(1984 年)通过对大量天然的、不同风化程度和表面粗糙程度的非充填结构

面的试验研究,提出双曲线型法向应力 σ_n 与法向变形 δ_n 的关系式为

$$\sigma_n = \frac{\delta_n}{a - b\delta_n} \qquad (2\text{-}9)$$

式中　　a、b——常数。

显然,当法向应力 $\sigma_n \to \infty$, $a/b = \delta_{max}$ 时,从式(2-9)可推导出法向变形刚度的表达式为

$$K_n = \frac{\partial \sigma_n}{\partial \delta_n} = \frac{1}{(a - b\delta_n)^2} \qquad (2\text{-}10)$$

Bandis 等(1983 年)结合双曲线型加卸载曲线,将有效法向应力、结构面闭合量和表面粗糙性联系在一起,得出法向变形刚度的经验公式为

$$K_n = K_{n0} \left(1 - \frac{\delta_n}{K_{n0}\delta_{max} + \delta_n} \right)^{-2} \qquad (2\text{-}11)$$

式中　　K_{n0}、δ_{max}——结构面的初始法向变形刚度和最大闭合量,并由式(2-12)和式(2-13)得出。

$$K_{n0} = 0.02 \left(\frac{JCS}{\delta_{n0}} \right) + 1.75 JRC - 7.15 \qquad (2\text{-}12)$$

$$\delta_{max} = A + B(JRC) - C \left(\frac{JCS}{\delta_{n0}} \right)^D \qquad (2\text{-}13)$$

式中　　JCS——结构面的抗压强度;

　　　　JRC——结构面的粗糙性系数;

　　　　δ_{n0}——每次加载或卸载开始时结构面的张开度;

　　　　A,B,C,D——常数,取决于结构面受载历史。

(2)拉伸变形。图 2-5 为结构面受压受拉变形状况的全过程曲线,即结构面法向应力—应变关系曲线。若结构面受有初始应力 σ_0 ,受压时向左移动,其图形与前述相同。若结构面受拉,曲线沿着纵坐标右侧向上与横坐标相交,则表明拉力与初始应力相抵消。拉力继续加大至抗拉强度 σ_t 时(如开挖基坑),结构面失去抵抗能力,曲线迅速降至横坐标,以后张开没有拉力,曲线沿横坐标向右延伸。因此,一般计算中不允许岩石受拉,遵循所谓的"无拉力准则"。

2. 剪切变形

在一定的法向应力作用下,结构面在剪切作用下产生切向变形。通常有三种基本形式:

(1)对非充填粗糙结构面,随着剪切变形发生,剪应力相对上升较快,当达到剪应力峰值后,结构面抗剪能力出现较大的下降,并产生不规则的峰后变形(见图 2-6(b)中 A 曲线)或滞滑现象。

(2)对于平坦(或有填充物)的结构面,初始阶段的剪切变形曲线呈下凹型,随剪切变形的持续发展,剪应力逐渐升高但没有明显的峰值出现,最终达到恒定值,有时也出现剪切硬化(见图 2-6(b)中 B 曲线)。

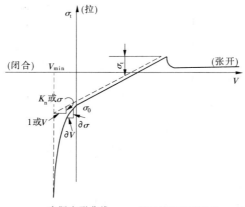

—— 实际变形曲线 ---- 供计算用变形曲线

图 2-5　结构面法向应力—应变关系曲线

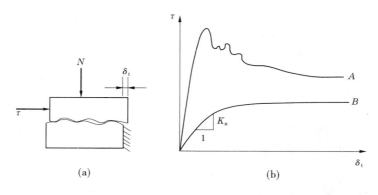

图 2-6　结构面的剪切变形曲线

　　剪切变形曲线从形式上可划分为弹性区、剪应力峰值区和塑性区(Goodman,1974年)。在结构面剪切过程中,伴随着微凸体的弹性变形、劈裂、磨粒的产生与迁移、结构面的相对错动等多种力学过程。因此,剪切变形一般是不可恢复的,即便在弹性区,剪切变形也不可能完全恢复。

　　通常将弹性区单位变形内的应力梯度称为剪切刚度 K_t,即

$$K_t = \frac{\partial \tau}{\partial \delta_t} \tag{2-14}$$

　　根据 Goodman(1974 年)研究,剪切刚度 K_t 可以由下式表示

$$K_t = K_{t0}\left(1 - \frac{\tau}{\tau_s}\right) \tag{2-15}$$

式中　　K_{t0}——初始剪切刚度;

　　　　τ_s——产生较大剪切位移时的剪应力渐进值。

　　试验结果表明,对于较坚硬的结构面,剪切刚度一般是常数;对于松软状结构面,剪切刚度随法向应力的大小改变。

　　对于凹凸不平的结构面,可简化成如图 2-7(a)所示的力学模型。受剪切结构面上有

凸台,凸台角为 i,模型上半部作用有剪切力 S 和法向力 N,模型下半部固定不动。在剪切力作用下,模型上半部沿凸台斜面滑动,除有切向运动外,还产生向上的移动。这种剪切过程中产生的法向移动分量称为剪胀。在剪切变形过程中,剪切力与法向力的复合作用,可能使凸台剪断或拉破坏,此时剪胀现象消失(见图 2-7(b))。当法向应力较大或结构面强度较小时,S 持续增加,使凸台沿根部剪断或拉破坏,结构面剪切过程中没有明显的剪胀(见图 2-7(c))。从这个模型可看出,结构面的剪切变形与岩石强度、结构面粗糙性和法向应力有关。

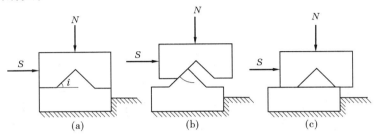

图 2-7　结构面的剪切力学模型

(3)当结构面内充填物的厚度小于主力凸台高度时,结构面的抗剪性能与非充填时的力学特性相类似。当充填厚度大于主力凸台高度时,结构面的抗剪强度取决于充填材料。充填物的厚度、颗粒大小与级配、矿物组成和含水程度都会对充填结构面的力学特性有不同程度的影响。

①夹层厚度的影响。试验结果表明,结构面抗剪强度随夹层厚度增加而迅速降低,并且与法向应力的大小有关。

②矿物颗粒的影响。当充填材料的颗粒直径为 2 ~ 30 mm 时,抗剪强度随颗粒直径的增大而增加,但颗粒直径超过 30 mm 后,抗剪强度变化不大。

③含水量的影响。由于水对泥夹层的软化作用,含水量的增加使泥质矿物黏聚力和结构面的法向刚度和剪切刚度大幅度下降。暴雨引发岩体滑坡事故正是由于结构面含水量剧增,因此水对岩体稳定性的影响不可忽视。

3. 抗剪强度

结构面最重要的力学性质之一是抗剪强度。从结构面的变形分析可以看出,结构面在剪切过程中的力学机制比较复杂,构成结构面抗剪强度的因素是多方面的,大量试验结果表明,结构面强度一般可以通过库仑准则表述,即

$$\tau = c + \sigma_n \tan\varphi \tag{2-16}$$

式中　　c,φ——结构面上的黏聚力和内摩擦角;

　　　　σ_n——作用在结构面上的法向应力。

内摩擦角可表示为 $\varphi = \varphi_b + i$,其中 φ_b 是岩石平坦表面基本摩擦角,i 是结构面上凸台斜坡角。

图 2-8 为上面凸台模型的剪切力与法向力的关系曲线,它近似呈直线的特征。结构面受剪初期,剪切力上升较快;随剪切力和剪切变形增加,结构面上部分凸台被剪断,此后剪切力上升梯度变小,直至达到峰值抗剪强度。

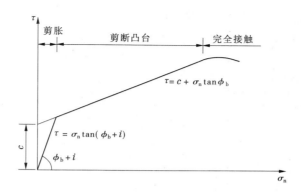

图 2-8　凸台模型的剪切力与法向力的关系曲线

　　试验表明,低法向应力时,结构面有剪切位移和剪胀;高法向应力时,凸台剪短,结构面抗剪强度最终变成残余强度。在剪切过程中,凸台起伏形成的粗糙度以及岩石强度对结构面的抗剪强度起着重要作用。考虑到上述三个基本因素(法向应力、粗糙度、结构面抗压强度)的影响,Barton 和 Choubey(1977 年)提出结构面的抗剪强度公式为

$$\tau = \sigma_n \tan\left(JRC \lg \frac{JCS}{\sigma_n} + \varphi_b \right) \tag{2-17}$$

式中　JCS——结构面的抗压强度;

　　　　φ_b——岩石表面基本摩擦角;

　　　　JRC——结构面粗糙性系数。

　　图 2-9 是 Barton 和 Choubey(1976 年)给出的 10 种典型剖面,JRC 值根据结构面的粗糙性在 0~20 间变化,平坦近平滑的结构面为 5,平坦起伏结构面为 10,粗糙起伏结构面为 20。

　　JRC 值通过直剪试验或简单倾斜拉滑试验得出的峰值剪切强度和岩石表面基本摩擦角反算,即

$$JRC = \frac{\varphi_p - \varphi_b}{\lg \dfrac{JCS}{\sigma_n}} \tag{2-18}$$

式中,峰值剪切角 $\varphi_p = \arctan(\tau_p/\sigma_n)$ 或等于倾斜试验中岩块产生滑移时的倾角。

　　对于具体的结构面,可以对照典型 JRC 剖面目测确定 JRC 值。

　　为了克服目测确定结构面 JRC 值的主观性以及由试验反算确定 JRC 值的不便,近年来国内外学者还提出应用分形几何方法描述结构面的粗糙程度。

　　4. 影响结构面力学性质的因素

　　(1)尺寸效应。结构面的力学性质具有尺寸效应。Barton 和 Bandis(1982 年)用不同尺寸的结构面进行了试验,研究结果表明:当结构面的试件长度从 5~6 cm 增加到 36~40 cm 时,平均峰值摩擦角降低 8°~12°。随试块面积增加,平均峰值剪应力呈减小趋势。结构面的尺寸效应还体现在以下几个方面:

　　①随着结构面尺寸的增大,达到峰值强度的位移量增加。

　　②随着尺寸的增加,剪切破坏形式由脆性破坏向延性破坏转化。

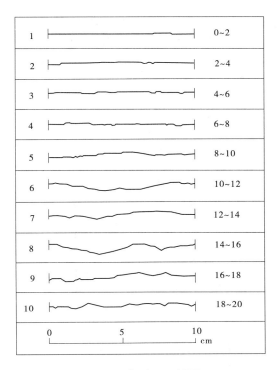

图 2-9　典型 JRC 剖面

③尺寸加大,峰值剪胀角减小。

④随结构面粗糙度减小,尺寸效应也减小。

结构面的尺寸效应在一定程度上与表面凸台受剪破坏有关。通过对试验过的结构面观察发现,大尺寸结构面真正接触点数很少,但接触面积大;小尺寸结构面接触点数多,而每个点的接触面积比较小。前者只是将最大的凸台剪断了。研究还发现,结构面强度 JCS 与试件的尺寸成反比,结构面的强度与峰值剪胀角是引起尺寸效应的基本因素。对于不同尺寸的结构面,这两种因素在抗剪阻力中所占的比重不同:小尺寸结构面凸台破坏和峰值剪胀角所占比重均高于大尺寸结构面。当法向应力增大时,结构面尺寸效应将随之减小。

(2)前期变形历史。自然界中结构面在形成过程中和形成以后,大多经历过位移变形。结构面的抗剪强度与变形历史密切相关,即新鲜结构面的抗剪强度明显高于受过剪切作用的结构面的抗剪强度。Jaeger 的试验表明,当第一次进行新鲜结构面剪切试验时,试样具有很高的抗剪强度。沿同一方向重复进行到第 7 次剪切试验时,试样还保留峰值与残余值的区别,当进行到第 15 次时,已看不出峰值与残余值的区别。这说明在重复剪切过程中,结构面上凸台被剪断、磨损,岩粒、碎屑的产生与迁移,使结构面的抗剪力学行为逐渐由凸台粗糙度和起伏度控制转化为由结构面上碎屑的力学性质控制。

(3)后期充填性质。结构面在长期地质环境中,由于风化或分解,被水带入的泥沙以及构造运动时产生的碎屑和岩溶产物充填。

在岩土工程中经常遇到岩体软弱夹层和断层破碎带,它们的存在常导致岩体滑坡和隧道坍塌,这也是岩土工程治理的重点。软弱夹层力学性质与其岩性矿物成分密切相关,其中以泥化物对软弱结构面的弱化程度最为显著。同时,矿物粒度的大小分布也是控制变形与强度的主要因素。

已有研究表明,泥化物中有大量的亲水性黏土矿物,一般水稳定性都比较差,对岩体的力学性质有显著影响。一般来说,主要黏土矿物影响岩体力学性能的大小顺序是:蒙脱石 < 伊利石 < 高岭石。表 2-1 汇总了不同类型软弱夹层的力学性能,从表中可以看出,软弱结构面抗剪强度随碎屑成分与颗粒尺寸的增大而提高,随黏粒含量的增加而降低。

表 2-1　夹层物质成分对结构面抗剪强度的影响

软弱夹层物质成分	摩擦系数	黏聚力(MPa)
泥化夹层和夹泥层	0.15 ~ 0.25	0.005 ~ 0.02
破碎夹泥层	0.3 ~ 0.4	0.02 ~ 0.04
破碎夹层	0.5 ~ 0.6	0 ~ 0.1
含铁锰质角砾破碎夹层	0.65 ~ 0.85	0.03 ~ 0.15

另外,泥化夹层具有时效性,在恒定荷载下会产生蠕变变形。一般认为,充填结构面长期抗剪强度比瞬时强度低 15% ~ 20%,泥化夹层的长期强度与瞬时抗剪强度之比为 0.67 ~ 0.81,此比值随黏粒含量的降低和砾粒含量的增多而增大。在抗剪参数中,泥化夹层的时效主要表现在黏聚力 c 值的降低,对内摩擦角的影响较小。因为软弱夹层的存在表现出时效性,必须注意岩体长期极限强度的变化和预测,保证岩体的长期稳定性。

本章小结

本章介绍了力与应力的区别,详细分析了物体内一点的应力状态。介绍了岩体的应力状态类型,包括自重应力状态、静水应力状态、构造应力状态,以及其他应力状态,详细阐述了岩体内结构面的力学性质及影响其力学性质的因素。对岩体的变形性质进行了阐述,分析了影响岩体变形特性的主要因素。

思考题

1. 何谓力与应力? 力与应力有何区别?
2. 什么是侧压力系数? 侧压力系数能否大于 1?
3. 在一点的应力状态分析中,如何证明剪应力互等?
4. 岩石的抗剪强度与剪切面所受的正应力有何关系?
5. 岩体的应力状态有哪几种? 各自的特点是什么?
6. 结构面的力学性质有哪些? 影响结构面力学性质的因素有哪些?
7. 影响岩体变形的主要因素有哪些?

第 3 章　岩石强度准则与屈服准则

3.1　强度准则与屈服准则概念

3.1.1　强度准则的概念

岩石力学的基本问题之一是关于岩石的强度问题。岩石强度是指岩石对荷载的抗力,或者说是岩石对破坏的抗力。在外荷载作用下岩石发生破坏时,其应力(应变)所必须满足的条件称为强度准则(破坏准则)。

经典的材料强度理论是根据金属材料的力学性态建立起来的。岩石的破坏性态,无论从宏观上,还是从微观上均与金属材料有很大区别。因此,需要从岩石试件所表现性态上建立岩石的强度准则。岩石的强度准则是在大量试验资料的基础上,通过归纳、分析、描述,形成的在一定应力或组合应力条件下岩石产生破坏的标准。由于岩石成因和矿物成分的不同,其破坏特性具有较大差异。此外,不同的受力状态将影响岩石的强度特性。因此,根据岩石的不同破坏机理建立了多种强度准则。

3.1.2　屈服准则的概念

岩石受荷载作用后,随着荷载的增加,由弹性状态过渡到塑性状态,这种过渡称为屈服。而岩石内的某一点开始发生塑性变形时,应力或应变所必须满足的条件称为屈服准则(屈服条件)。

3.2　岩石强度准则

强度(破坏)准则是研究岩石在何种应力状态下发生破坏。影响岩石破坏的因素很多,如应力、温度、应变率、试件尺寸和应力梯度等。目前,岩石强度准则只考虑应力的影响,而对其他因素的影响研究很不够,故多数情况下未予考虑。研究岩石的强度准则有试验性和理论性两种方法。前者根据大量的试验结果,进行分析整理以寻求规律,求得数学表达式;后者则是从固体的基本物理性质来建立岩石的强度准则。

3.2.1　试验强度准则

3.2.1.1　Coulomb – Navier 准则

1773 年 Coulomb 认为岩石的剪切破坏是发生在某一称为破坏面的平面上的,破坏面上剪应力超过黏聚力和以法向应力乘以内摩擦系数表示的抗剪阻力。其表达式为

$$|\tau| = S_0 + \mu\sigma \tag{3-1}$$

式中　μ——内摩擦系数；

　　　　σ——法向应力；

　　　　S_0——岩石的黏聚力。

1883 年 Navier 对 Coulomb 准则进行了补充,将 τ、σ 以最大主应力 σ_1 和最小主应力 σ_3 表示为

$$\left.\begin{array}{l} \sigma = \dfrac{1}{2}(\sigma_1 + \sigma_3) + \dfrac{1}{2}(\sigma_1 - \sigma_3)\cos2\theta \\[3mm] \tau = -\dfrac{1}{2}(\sigma_1 - \sigma_3)\sin2\theta \end{array}\right\} \tag{3-2}$$

若 θ 是破坏面法线与最大主应力方向的夹角,则

$$|\tau| - \mu\sigma = \frac{1}{2}(\sigma_1 - \sigma_3)(\sin2\theta - \mu\cos2\theta) - \frac{\mu}{2}(\sigma_1 + \sigma_3) \tag{3-3}$$

当 $|\tau| - \mu\sigma = S_0$ 时发生破裂。令式(3-3)对 θ 的导数等于零,得

$$\tan2\theta = -\frac{1}{\mu} \tag{3-4}$$

所以,2θ 介于 $90° \sim 180°$,并随 μ 变化。若准则以主应力表示为

$$2S_0 = \sigma_1\left[(\mu^2 + 1)^{\frac{1}{2}} - \mu\right] - \sigma_3\left[(\mu^2 + 1)^{\frac{1}{2}} + \mu\right] \tag{3-5}$$

式(3-5)为一条直线,如图 3-1 所示。

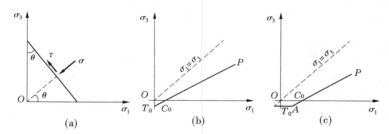

图 3-1　最大主应力与最小主应力关系曲线

该直线交 σ_1 轴于 C_0,得

$$\sigma_1 = C_0 = 2S_0\left[(\mu^2 + 1)^{\frac{1}{2}} - \mu\right]^{-1} \tag{3-6}$$

直线交 σ_3 轴于 T_0,得

$$\sigma_3 = T_0 = -2S_0\left[(\mu^2 + 1)^{\frac{1}{2}} + \mu\right]^{-1} \tag{3-7}$$

式中,C_0 为单轴抗压强度,而 T_0 并不是单轴抗压强度。这是因为式(3-1)规定 $\sigma > 0$,即要求

$$\sigma_1\left[(\mu^2 + 1)^{\frac{1}{2}} - \mu\right] + \sigma_3\left[(\mu^2 + 1)^{\frac{1}{2}} + \mu\right] > 0 \tag{3-8}$$

考虑式(3-5)可得

$$\sigma_1 > S_0\left[(\mu^2 + 1)^{\frac{1}{2}} - \mu\right]^{-1} = \frac{1}{2}C_0 \tag{3-9}$$

由此可见,只有直线 AC_0P 部分是有效的。

如果发生破坏,由式(3-4)可得

$$\theta = \frac{\pi}{2} - \frac{1}{2}\arctan\left(\frac{1}{\mu}\right) \tag{3-10}$$

$\mu \to 0$，$\theta \to \pi/4$；$\mu = 1$，$\theta = 3\pi/8$；$\mu \to \infty$，$\theta \to \pi/2$，剪切破坏面与最大应力方向成一定角度。前面的讨论并未规定 θ 的正负，事实上有两个可能破坏面，其法线与最大主应力成 $\frac{1}{2}\arctan\left(\frac{1}{\mu}\right)$ 夹角，称为共轭方向。

式(3-5)也可以写成其他形式，若定义

$$\mu = \tan\varphi$$

则　　　　　　　$$(\mu^2 + 1)^{\frac{1}{2}} + \mu = \sec\varphi + \tan\varphi = \tan\alpha \tag{3-11}$$

式中　　φ——材料的内摩擦角，$\alpha = \frac{\pi}{4} + \frac{1}{2}\varphi$。

试验证明：在低围压下，σ_1 和 σ_3 接近于线性关系，试验结果与式(3-5)相吻合，但在高围压下 σ_1 和 σ_3 表现为明显的非线性关系，式(3-5)不适用。此外，黏聚力等概念的物理意义不明确，式(3-5)表明中间主应力不影响破坏，以及通过显微镜观察到的破坏并没有明显的剪切痕迹，这都表明 Coulomb 准则没有全面地反映岩石的破坏机理，只能视为一种试验性准则。

3.2.1.2　Mohr 准则

Mohr 首先认识到材料的强度是应力的函数，因而假定在极限状态时滑动面的剪切力达到最大值，并取决于其法向应力和材料的特性。剪切滑动面与 σ_2 方向平行，即认为 σ_2 不影响材料的剪切破坏。这一破坏准则可表示为如下的函数关系

$$\tau = f(\sigma) \tag{3-12}$$

式(3-12)在 $\tau - \sigma$ 平面上为一条曲线，它可以由试验确定，即在不同应力状态下达到破坏时的应力圆的包络线。这个准则也没有考虑 σ_2 对破坏的影响，这是它的一个缺陷，但是 Mohr 准则与现有的岩石试验结果吻合得比较好。

关于 Mohr 包络线的数学表达式，有直线型、双曲线型、抛物线型和摆线型等多种形式，而以直线型最为通用。如果 Mohr 包络线是直线，则 Mohr 准则与 Coulomb 准则等价，但是要注意，这两个准则的物理概念是不同的。正是因为这一点，在工程中常有 Coulomb – Mohr 准则的提法，显然也仅适用于低围压情况。

3.2.1.3　Coulomb – Mohr 准则

对一般受力岩石，所考虑的任何一个受力面，其极限抗剪强度通常可用 Coulomb 准则表示为

$$\tau_n = c + \sigma_n \tan\varphi \tag{3-13}$$

式中　　τ_n——极限抗剪强度；

　　　　σ_n——受剪面上的法向应力，以拉为正；

　　　　c，φ——岩石的黏聚力和内摩擦角。

利用 Mohr 准则，可以将式(3-13)推广到平面应力状态，而成为 Coulomb – Mohr 准则（见图 3-2）。

对于 Coulomb – Mohr 准则，需要注意：

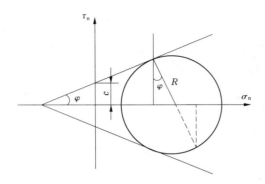

图 3-2　Coulomb – Mohr 准则

（1）Coulomb 准则是建立在试验基础上的破坏判据，c、φ 是它的试验参数，其物理意义是不确定的。

（2）Coulomb 准则和 Mohr 准则都是以剪切破坏作为其物理机制的。但试验结果证明，岩石破坏时存在着大量的微破裂，这些微破裂是张拉破坏而不是剪切破坏。

（3）Coulomb – Mohr 准则不能反映 σ_2 对屈服和破坏的影响及单纯静水压力引起的岩土屈服特性，而且屈服面有棱角。

3.2.1.4　Bieniawski 准则

1974 年，Bieniawski 提出经验性强度准则为

$$\frac{\sigma_1 - \sigma_3}{2\sigma_c} = 0.1 + B \left(\frac{\sigma_1 + \sigma_3}{2\sigma_c} \right)^a \tag{3-14}$$

Bieniawski 准则考虑了单轴压缩强度 σ_c，并进行标准化处理。反映强度曲线的指数 a 在 0.85 ~ 0.93 变化；常数 B 控制包络线的位置，对于大多数岩石材料，B 在 0.7 ~ 0.8 变化。

1971 年，Franklin 用花岗岩和砂岩进行的破坏试验，从图 3-3（a）可以看出，主应力差及主应力和的对数关系是线性的，而图 3-3（b）中的 σ_1 与 σ_3 之间为非线性关系。

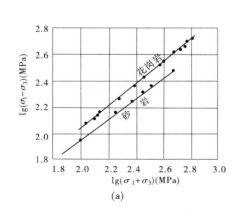

(a)

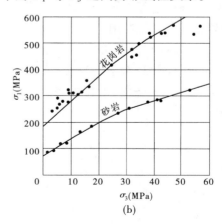

(b)

图 3-3　岩石试验曲线成果（Franklin，1971 年）

3.2.1.5　Hoek – Brown 准则

1980 年,Hoek 和 Brown 为了能够预测岩体特征,提出岩体强度经验准则为

$$\frac{\sigma_1}{\sigma_c} = \frac{\sigma_3}{\sigma_c} + \sqrt{m\frac{\sigma_3}{\sigma_c} + s} \tag{3-15}$$

式中　　m——σ_1 与 σ_3 相对曲线的曲率,取值范围为 $5.4 \sim 27.9$,石灰岩 $m = 5.4$,花岗岩 $m = 27.9$;

　　　　s——材料系数,完整岩石的 $s = 1.0$,随着岩体破碎程度的增加,其值迅速减小。

3.2.1.6　Yudhbir 准则

1983 年 Yudhbir 用灰岩、砂岩、花岗岩及由石膏和松香混合制成的模拟材料等含有裂隙的 122 个样品进行了三轴试验,试图通过试验数据,对不同的经验准则进行比较,结果发现尽管 Hoek – Brown 准则对易碎岩石十分有效,但对塑性岩石却存在一定局限性。因此,Yudhbir 提出了一个修正准则为

$$\frac{\sigma_1}{\sigma_c} = A + B\left(\frac{\sigma_3}{\sigma_c}\right)^a \tag{3-16}$$

式中　　a——系数,为 $0.65 \sim 0.75$;

　　　　A, B——岩石类型函数。

Yudhbir 准则用三个参数(a,A,B)代替 Hoek – Brown 准则中的两个参数(m,s),且这三个参数很容易获得,其物理意义及它们之间的关系在不同岩性的岩石中必须进行评定。

3.2.1.7　Kim – Lade 准则

1984 年,Kim 和 Lade 提出了用应力张量的第一、第三不变量表示的三参数经验强度准则为

$$\left(\frac{I_1^3}{I_3} - 27\right)\left(\frac{I_1}{P_\alpha}\right)^n = n_1 \tag{3-17}$$

式中　　I_1——$I_1 = \sigma_1 + \sigma_2 + \sigma_3$;

　　　　I_3——$I_3 = \sigma_1\sigma_2\sigma_3$;

　　　　P_α——大气压,量纲与应力量纲相同;

　　　　n_1, n——由回归分析得出的两个参数。

为了考虑岩石内黏聚力的影响,引入轴转换参数 α,且将 P_α 应用于应力 σ_x, σ_y, σ_z。Amadei 和 Robison 用试验数据对 Coulomb – Mohr 准则、Hoek – Brown 准则、Kim – Lade 准则进行比较研究后发现,尽管这三个准则在不同应力状态下是有效的,但作为岩石破坏预测,它们都存在着不足。

3.2.1.8　Johnston 准则

1985 年,Johnston 提出了下述强度准则,用以描述由黏土到坚硬岩石等不同岩石材料的破坏特征,即

$$\frac{\sigma_1}{\sigma_c} = \left[\left(\frac{m}{B}\right)\left(\frac{\sigma_3}{\sigma_c}\right) + s\right]^B \tag{3-18}$$

与 Hoek – Brown 准则一样,对于完整岩石 $s = 1.0$。参数 B 用于描述包络线的非线

性,从正常固结黏土直到单向抗压强度 $\sigma_c = 250$ MPa 的岩石,其值大约从 1.0 降到 0.5。参数 m 表示强度包络线在 $\sigma_3 = 0$ 处的斜率,对于固结黏土 $m = 2.0$($\varphi = 20°$)~7.0,对于较硬岩石 $m = 7.0 \sim 21.0$。

3.2.1.9　变形准则

一般来说,岩石的宏观破坏现象可分为两类,拉断(拉破)和剪断。但有时岩石的塑性变形也能够破坏其正常的工作条件,所以广义强度的概念还应该包括对塑性变形的抗力。因此,材料的三个经典强度准则中,第一强度准则(最大正应力理论)和第三强度准则(最大剪应力理论)是从应力的观点来考虑材料破坏的,而第二强度准则(最大伸长理论)则是从变形的观点来考察材料的破坏。前一种应力观点的强度准则发展很快,例如在岩石力学中获得广泛应用的 Coulomb – Mohr 强度准则和 Griffith 强度准则等,都是应力观点强度理论的继续和发展;后一种变形观点的强度准则发展缓慢。然而,近年来人们对这种准则逐渐产生了兴趣,并且在岩石力学中也开展了这方面的研究工作。例如,有人提出用垂直于主裂隙的相对变形量作为判别含裂隙岩体的破坏准则。

为了考察临近破坏时岩石的变形特征,需要研究外荷载作用下岩石的变形状态,即岩石由变形发展到破坏的全过程。岩石力学试验研究表明:这个过程具有阶段性,并与一定的应力和应变特征值相对应,这可以从岩石的应力—应变曲线上观测到。

临近破坏阶段的变形具有明显的特点。首先,岩石的变形速率增加了,并且在几乎不变的应力作用下变形会继续增加;其次,变形区内的体积将发生变化,大多数岩石将发生膨胀,并逐渐形成微破裂或膨胀集中带,该集中带就是岩石的破裂面。而这种破裂面一旦形成,只要保持作用荷载不变而历时较长,或者施加循环荷载(卸载—加载),就会使岩石破坏。

促成这种变形特征有两方面的原因:其一是微破裂的发生和发展;其二是结晶颗粒内部或颗粒间的滑移,而两者有时又会相互影响。对于脆性不均质岩石,前者占主导地位。由于微破裂的发生使体积膨胀和有微震活动(声发射),将引起弹性波速度的减少以及电学和磁学性质的变化。对于塑性岩石,则以后者为主,没有上述变化。在剪应力的作用下其变形特点也有两种情况:一是在所施加的剪应力作用下,产生一定的变形后就不再继续滑移;二是在施加剪应力后,发生随时间而变化的变形(塑性流动),也可以是两者兼而有之。这种变形特性在软弱夹层或节理裂隙中经常被观察到。

应该指出,第二强度理论能够解释单向压缩试验或低围压三轴试验中岩石发生与受力方向相平行的劈裂破坏现象,认为是由于该方向(与劈裂裂缝垂直的方向)的伸长变形(即横向变形)超过了极限伸长变形的缘故,并可借助于 Griffith 强度准则将这种破坏现象与第一强度理论联系起来,这是因为岩石内总是存在有孔隙缺陷,由于荷载作用,在其中产生了拉应力而导致破坏。

前述岩石在荷载作用下产生的微破裂,是断裂破坏而不是滑动破坏,是由于拉应力作用的结果而不是剪应力作用的结果。这说明断裂力学的理论与方法,在岩石力学中也适用。

在工程实践中构件和建筑物的正常工作状态,都要求有适度的变形,但不能超过某一允许变形值。在有关抗剪强度的取值问题上,也有按某一变形量作为标准的。

拉断破坏由于微破裂而导致膨胀,剪切破坏也可以发生膨胀。在岩石软弱结构面中,一方面,其强度的发挥有赖于变形量的增加,即不同的变形量对应于不同的强度;另一方面,它所能达到的变形是很大的,甚至发生塑性流动。这是一个矛盾,工程上要求最大限度地发挥岩石的强度而又使其相应的变形量在许可范围之内。因此,研究岩石强度理论的变形准则很有必要,它的基本点就是查明达到破坏时的变形数,以使得工程结构变形量总低于这个破坏时的变形量。

3.2.1.10　联合强度准则

所谓联合强度准则,实际上是根据不同情况采用不同的破坏准则的实用方案。因此,有人考虑到岩石强度的上限是没有节理的岩石试件破坏的莫尔包络线,而其下限是沿单一光滑节理的莫尔包络线,不同节理状态的岩石破坏应在这两支包络线之间;又考虑到在低围压的作用下,将服从 Griffith 准则,即岩石一般来说是处于脆性破坏,开始是弹性变形(并伴随塑性变形),然后发生破裂,并逐渐扩展,最终导致破坏而形成破坏面。岩石服从的不是单一的强度准则,而是一种联合强度准则。

3.2.2　理论强度准则

理论强度准则是根据岩石的物理性质的假设条件推导出来的,但又必须经过试验与工程实践的验证,或根据试验观察到的物理现象来建立并推导强度准则。理论强度准则与试验手段密切相关,试验和观察方法的进步,推动了岩石强度准则研究的发展。

由理论计算得出的单轴抗压强度比材料的实际抗压强度大得多。Griffith 认为,这是由于材料中存在着裂纹,当材料受到拉应力作用时,在不利方位的裂纹尖端将产生高度的应力集中,其应力远大于平均拉应力。当材料所受的拉应力足够大时,便导致裂纹不稳定扩展而使材料产生脆性断裂。因此,Griffith 准则认为,脆性破坏属于张拉破坏,而不是剪切破坏。

岩石试验证实 Griffith 准则对脆性破坏的岩石是比较适合的,能正确预测裂纹开始扩展的方向,近年来受到人们的广泛重视,为断裂力学引入岩石力学领域提供了物理基础。但对于塑性破坏的岩石,该理论并不适用,因为它只是一个启裂准则,而不是破坏准则。实际上,岩石在承受压应力作用时,其中的裂纹会因压缩而闭合,所以必须考虑内摩擦力的因素,因此有人提出了修正的 Griffith 准则。

裂纹的进一步扩展将偏离其初始扩展方向,转向与最大主应力 σ_1 的方向平行。这时,裂纹便稳定下来,要使其最后破坏,需增大 σ_1 才行。正是由于这种近似平行于 σ_1 方向的微破裂的发生,形成了强烈的应变集中带,导致岩石的宏观破坏。

3.3　岩石屈服准则

3.3.1　屈服条件的一般概念

我们将物体内一点开始达到屈服应力所满足的关系称为初始屈服条件,简称屈服条件,又称为塑性条件,其在应力空间中对应的曲面称为屈服面。

屈服面是材料进入或未进入塑性状态的分界面。屈服面的函数表达式称为屈服函数,屈服条件就是材料进入塑性状态时应力分量之间必须满足的条件。

3.3.2　常用的屈服条件

3.3.2.1　Tresca 屈服条件(最大剪应力条件)

假设当最大剪应力达到某一定值 k 时,材料就发生屈服,即材料开始进入塑性状态,此为最大剪应力条件,又称为 Tresca 屈服条件。

表达式为: $\tau_{max} = k$,当 $\sigma_1 \geqslant \sigma_2 \geqslant \sigma_3$ 时, $\tau_{max} = \dfrac{\sigma_1 - \sigma_3}{2} = \tau_s = k$,即 $\sigma_1 - \sigma_3 = 2k$ 或 $\sigma_1 - \sigma_3 - 2k = 0$ 。

一般情况下,主应力次序是未知的。可写成如下形式:

$$\left.\begin{array}{l} |\sigma_1 - \sigma_2| = 2k \\ |\sigma_2 - \sigma_3| = 2k \\ |\sigma_3 - \sigma_1| = 2k \end{array}\right\}$$

因此,一般表达式成为

$$[(\sigma_1 - \sigma_2)^2 - 4k^2][(\sigma_2 - \sigma_3)^2 - 4k^2][(\sigma_3 - \sigma_1)^2 - 4k^2] = 0 \qquad (3\text{-}19)$$

将式(3-19)展开,写成应力偏量的形式为

$$4J_2^3 - 27J_3^2 - 36k^2J_2^2 + 96k^4J_2 - 64k^6 = 0 \qquad (3\text{-}20)$$

式(3-20)是 J_3 的偶函数,满足屈服函数的要求。

显然这个式子太复杂,不便于使用。因此,当主应力大小未知时,一般不采用该条件;当主应力大小已知时,应用式 $\tau_{max} = \dfrac{\sigma_1 - \sigma_3}{2} = \tau_s = k$ 比较方便。

如用 Lode 角 θ_σ 和 J_2 表示,Tresca 屈服条件还可写成

$$\sqrt{J_2}\cos\theta_\sigma - k = 0 \qquad \left(-\frac{\pi}{6} \leqslant \theta_\sigma \leqslant \frac{\pi}{6}\right) \qquad (3\text{-}21)$$

在应力空间中 $\sigma_1 - \sigma_3 = \pm 2k$ 表示一对平行于 σ_2 轴及 π 平面法线 On (等倾线)的平面。因此,确定的屈服面由三对相互平行的平面组成,为垂直于 π 平面的正六柱体,在 π 平面上的屈服曲线如图 3-4 所示。

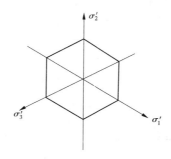

图 3-4　屈服曲线

在 π 平面上,根据式(3-21)得

$$x = \sqrt{2}\,\frac{\sigma_1 - \sigma_3}{2} = \sqrt{2}k = 常数 \tag{3-22}$$

这在 $-\dfrac{\pi}{6} \leqslant \theta_\sigma \leqslant \dfrac{\pi}{6}$ 范围内是一条平行于 y 轴的直线,将其对称开拓就成为六边形。在三维应力空间中,屈服面是一个以 L 为轴线的正六棱锥体。六边形的外接圆半径为 $r_1 = 2k\sqrt{\dfrac{2}{3}}$,内切圆的半径为 $r_2 = \sqrt{2}k$ 。Mises 和 Tresca 屈服轨迹如图 3-5 所示。

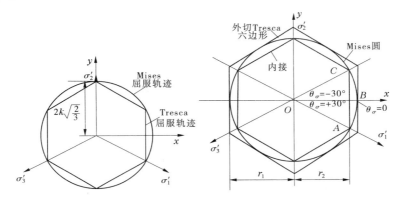

图 3-5　Mises 和 Tresca 屈服轨迹

在三维应力空间中, $\sigma_1 - \sigma_2 = 2k$ 是一对与偏量平面 π 的法线及 σ_3 轴平行的平面,因此按上式建立的屈服面是由三对互相平行的平面所组成的、垂直于 π 平面的正六边形柱面。Mises 和 Tresca 屈服面如图 3-6 所示。

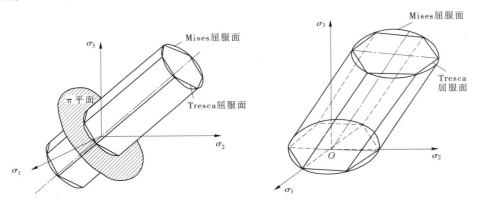

图 3-6　Mises 和 Tresca 屈服面

如果材料处于平面应力状态且 $\sigma_3 = 0$,则表达式为

$$\begin{cases} \sigma_1 - \sigma_2 = \pm 2k \\ \sigma_2 = \pm 2k \\ \sigma_3 = 0 \end{cases},只在 \sigma_1 - \sigma_2 平面内。$$

相当于六面柱面用 $\sigma_3 = 0$ 的平面斜截所得到的图形,如图 3-7 所示。

关于 k 值的确定,若做材料单向拉伸屈服试验,则 $\sigma_1 = \sigma_s$, $\sigma_2 = \sigma_3 = 0$, $\sigma_1 - \sigma_3 = \sigma_s =$

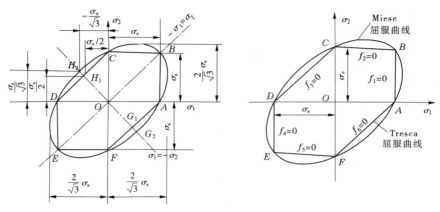

图 3-7　　$\sigma_3 = 0$ 平面屈服线

$2k$，得 $k = \dfrac{\sigma_s}{2}$。

若做纯剪试验，$\sigma_1 = \tau_s$，$\sigma_2 = 0$，$\sigma_3 = -\tau_s$，$\sigma_1 - \sigma_3 = 2\tau_s = 2k$，则 $k = \tau_s$。

按照 Treasca 屈服条件，材料的剪切屈服极限与拉伸屈服极限的关系为 $\tau_s = \dfrac{\sigma_s}{2}$，对多数材料此式近似成立。在材料力学中，此称为第三强度理论，即最大剪应力强度理论。其特点包括：

（1）物理观念明确，有清楚的物理解释。

（2）当已知三个主应力次序 $\sigma_1 \geqslant \sigma_2 \geqslant \sigma_3$ 时，τ_s 是主应力的线性函数，表达式简单。

（3）未考虑中间主应力 σ_2 对屈服的贡献。

（4）当未知主应力顺序时，形式过于复杂。

（5）屈服曲线上有角点，为非光滑曲线，给数学处理上带来困难。

3.3.2.2　Mises 屈服条件

1. 屈服条件

Mises 指出，屈服六边形是直线连接假设的结果，指出用圆来表示六个角点似乎更合理，并且可避免曲线不光滑而在数学上引起的困难。这样，按 Mises 屈服条件，其屈服线是 Tresca 六边形的外接圆。在应力空间的屈服面是一个垂直于平面的圆柱面，它与坐标轴平面 $\sigma_1\sigma_2$ 的截线是一个椭圆。

Tresca 六边形的外接圆半径为 $2k\sqrt{\dfrac{2}{3}}$，在 π 平面上 Mises 屈服圆的方程为

$$x^2 + y^2 = \left(2k\sqrt{\dfrac{2}{3}}\right)^2$$

将 x, y 代入上式则有

$$\left[\dfrac{\sqrt{2}}{2}(\sigma_1 - \sigma_3)\right]^2 + \left[\sqrt{\dfrac{2}{3}}\left(\dfrac{2\sigma_2 - \sigma_1 - \sigma_3}{2}\right)\right]^2 = \left(2k\sqrt{\dfrac{2}{3}}\right)^2$$

简化后可得

$$\left(\sigma_1 - \sigma_2\right)^2 + \left(\sigma_2 - \sigma_3\right)^2 + \left(\sigma_3 - \sigma_1\right)^2 = 2\left(2k\right)^2 = 2\sigma_s^2 \quad \left(其中\ \sigma_s = 2k\right)$$

应力强度 σ_i 为

$$\begin{aligned}
\sigma_i &= \frac{\sqrt{2}}{2}\sqrt{\left(\sigma_1 - \sigma_2\right)^2 + \left(\sigma_2 - \sigma_3\right)^2 + \left(\sigma_3 - \sigma_1\right)^2} \\
&= \frac{\sqrt{2}}{2}\sqrt{2 \cdot \left(2k\right)^2} \\
&= 2k
\end{aligned} \tag{3-23}$$

根据 σ_i 的表达式 Mises 条件还可写为

$$\left(\sigma_x - \sigma_y\right)^2 + \left(\sigma_y - \sigma_z\right)^2 + \left(\sigma_z - \sigma_x\right)^2 + 6\left(\tau_{xy}^2 + \tau_{yz}^2 + \tau_{xz}^2\right) = 8k^2 \tag{3-24}$$

屈服函数又可写成

$$\begin{aligned}
J_2 &= \frac{1}{6}\left[\left(\sigma_1 - \sigma_2\right)^2 + \left(\sigma_2 - \sigma_3\right)^2 + \left(\sigma_3 - \sigma_1\right)^2\right] \\
&= \frac{1}{6} \cdot 2\sigma_s^2 \\
&= \frac{1}{3}\sigma_s^2 \\
&= C
\end{aligned} \tag{3-25}$$

说明应力偏张量的第二不变量达到某一定值时,材料就屈服。

Mises 屈服条件用等效应力表示为 $\sigma_i = \sigma_s$,显然 $J_2 = \dfrac{1}{3}\sigma_s^2 = C$ 是函数 $f(J_2, J_3) = 0$ 中的最简单形式。在一般应力状态时

$$J_2 = \frac{1}{6}\left[\left(\sigma_x - \sigma_y\right)^2 + \left(\sigma_y - \sigma_z\right)^2 + \left(\sigma_z - \sigma_x\right)^2\right] + \left(\tau_{xy}^2 + \tau_{yz}^2 + \tau_{xz}^2\right)$$

在纯剪切的情况下: $\tau_{xy} = \tau$; $\sigma_x = \sigma_y = \sigma_z = 0$; $\tau_{yz} = \tau_{xz} = 0$

$$J_2 = \tau_{xy}^2 = \tau_s^2 = C \tag{3-26}$$

与 $J_2 = \dfrac{1}{3}\sigma_s^2 = C$ 相比可见,材料剪切屈服极限 σ_s 之间有 $\tau_s^2 = \dfrac{1}{3}\sigma_s^2$,即 $\tau_s = \dfrac{\sigma_s}{\sqrt{3}}$ 。

2. J_2 的物理意义

Mises 提出 $J_2 = C$ 的屈服条件,不少学者试图对其物理意义进行解释。

(1)德国 H. Hencky 指出,Mises 条件是用一点的形状改变比能来衡量屈服与否的能量准则。根据弹性理论,弹性总比能为

$$\begin{aligned}
W &= \frac{1}{2}\left(\sigma_1\varepsilon_1 + \sigma_2\varepsilon_2 + \sigma_3\varepsilon_3\right) \\
&= \frac{1}{2E}\left[\sigma_1^2 + \sigma_2^2 + \sigma_3^2 - 2\mu\left(\sigma_1\sigma_2 + \sigma_2\sigma_3 + \sigma_3\sigma_1\right)\right]
\end{aligned} \tag{3-27}$$

体积变化比能为

$$\begin{aligned}
W_V &= \frac{1}{2}\left(\frac{\sigma_1 + \sigma_2 + \sigma_3}{3}\right)\left(\varepsilon_1 + \varepsilon_2 + \varepsilon_3\right) \\
&= \frac{1 - 2\mu}{6E}\left(\sigma_1 + \sigma_2 + \sigma_3\right)^2
\end{aligned} \tag{3-28}$$

形状改变比能为 $W_d = W - W_V$，则

$$W_d = \frac{1+\mu}{6E}\left[(\sigma_1 - \sigma_2)^2 + (\sigma_2 - \sigma_3)^2 + (\sigma_3 - \sigma_1)^2\right]$$

$$= \frac{(1+\mu)}{3E}k^2 \tag{3-29}$$

（2）A. LNadai 提出，当八面体剪应力达到某一定值时，材料进入屈服状态。这是由于

$$\tau_8 = \sqrt{\frac{2}{3}J_2} = \frac{\sqrt{2}}{3}\sigma_i = \frac{2\sqrt{2}}{3}k \tag{3-30}$$

（3）苏联力学家伊留申，基于 $J_2 = \frac{1}{3}k^2$ 提出，Mises 条件即意味着，只要应力偏张量的第二不变量达到某一定值时，材料就屈服。将 J_2 与围绕一点的小圆球表面上的统计平均剪应力 $\bar{\tau}$ 联系起来。

$$\bar{\tau} = \sqrt{\frac{1}{n}\sum_{i=1}^{n}\tau_i^2}$$

$$= \frac{1}{\sqrt{15}}\sqrt{(\sigma_1 - \sigma_2)^2 + (\sigma_2 - \sigma_3)^2 + (\sigma_3 - \sigma_1)^2} \tag{3-31}$$

$$= \sqrt{\frac{2}{5}J_2}$$

认为材料的屈服是由于一点的统计，平均剪应力 $\bar{\tau}$ 达到某一定值而引起的。

（4）三个极值剪应力的均方根值为

$$\sqrt{\frac{1}{3}\left[\left(\frac{\sigma_1 - \sigma_2}{2}\right)^2 + \left(\frac{\sigma_2 - \sigma_3}{2}\right)^2 + \left(\frac{\sigma_3 - \sigma_1}{2}\right)^2\right]} = \frac{\sqrt{2J_2}}{2}$$

可把 Mises 屈服条件看作是用三个极值剪应力的均方根来衡量屈服与否的准则。Tresca 屈服条件与 Mises 屈服条件的比较见表 3-1。

表 3-1　两种屈服条件的比较

屈服条件	不同处	相同处
Tresca 屈服条件	①不受中间应力的影响； ②屈服函数是线性的； ③需要知道应力大小的次序	①不受静水压力的影响； ②应力可以互换
Mises 屈服条件	①受中间应力的影响； ②屈服函数是非线性的； ③不需要知道应力大小的次序	

3.4　Drucker 强化公设

美国力学家德鲁克针对一般应力状态的加载过程，提出了一个关于材料强化的重要假设，即 Drucker 强化公设。由此公设，不但可以导出加载曲面（包括屈服曲面）的一个重

要且普遍的几何性质——加载面的外凸性,以及加载卸载准则,而且可以建立塑性变形规律即塑性本构关系。

3.4.1　稳定材料和不稳定材料

材料的应力—应变曲线形式,如图 3-8 所示。

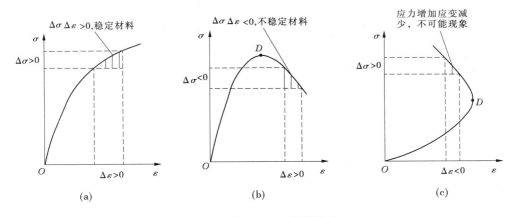

$$(a) \qquad (b) \qquad (c)$$

图 3-8　应力－应变曲线形式

(1)图 3-8(a)中 $\Delta\sigma\Delta\varepsilon > 0$ 应力增量 $\Delta\sigma$ 在 $\Delta\varepsilon$ 上做的功为正。即 $\Delta\sigma\Delta\varepsilon > 0$,有这种特性的材料称为稳定的。这样的材料称为稳定材料或强化材料。

(2)图 3-8(b)中,在 D 点以后,随着应变的增加,应力将减少。此时 $\Delta\sigma < 0$, $\Delta\varepsilon > 0$, $\Delta\sigma\Delta\varepsilon < 0$ 。这样的材料称为不稳定材料或软化材料。该曲线下降部分称为软化材料。

(3)图 3-8(c)中,在 D 点以后, $\Delta\sigma > 0$, $\Delta\varepsilon < 0$,此时 $\Delta\sigma\Delta\varepsilon < 0$ 。这与能量守恒定理不符,是不可能的。

3.4.2　Drucker 公设

稳定材料塑性功不可逆,如图 3-9 所示。

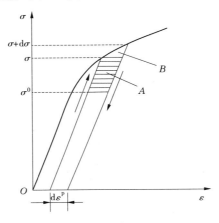

图 3-9　塑性功不可逆

（1）应力循环：$\sigma^0 \rightarrow \sigma \rightarrow \sigma + \mathrm{d}\sigma \rightarrow \sigma^0$

（2）加载阶段产生的弹性应变在卸载阶段可以恢复。相应的弹性应变也可完全释放出来，剩下的是消耗于不可恢复的塑性变形的塑性功。它是不可逆的，将恒大于零。

这部分塑性功可以分为图 3-9 中所示的 A,B 两部分。由此可写成如下两个等式，即

$$\left.\begin{array}{r} (\sigma - \sigma^0) \cdot \mathrm{d}\varepsilon^p > 0 \\ \mathrm{d}\sigma \cdot \mathrm{d}\varepsilon^p \geqslant 0 \end{array}\right\}$$

即应力在塑性应变上做功非负，其中第二式的等号适用于理想塑性材料。

Drucker 结合热力学第一定律，将上述两式推广到复杂应力状态的加载过程，提出一个关于稳定材料塑性功不可逆公设。现称为 Drucker 公设，形式为

$$\mathrm{d}W_p = (\sigma_{ij} + \mathrm{d}\sigma_{ij} - \sigma_{ij}^0)\mathrm{d}\varepsilon_{ij}^p \geqslant 0 \tag{3-32}$$

若是单向应力状态，则式（3-32）为

$$(\sigma + \mathrm{d}\sigma - \sigma^0)\mathrm{d}\varepsilon^p \geqslant 0 \tag{3-33}$$

即如图 3-9 所示阴影的面积。

由式（3-32）可推导以下等式。如果 σ_{ij}^0 在原有加载面内，即 $\sigma_{ij} \neq \sigma_{ij}^0$，由于 $\mathrm{d}\sigma_{ij}$ 是任选的无限小量，与 σ_{ij} 相比可以略去不计，故有

$$(\sigma_{ij} - \sigma_{ij}^0)\mathrm{d}\varepsilon_{ij}^p \geqslant 0 \tag{3-34}$$

当 σ_{ij}^0 位于原有加载面上时，有

$$\mathrm{d}\sigma_{ij} \cdot \mathrm{d}\varepsilon_{ij}^p \geqslant 0 \tag{3-35}$$

上两式中大于号表示加载，等号表示中性变载。

若在加载过程中考虑弹性变形，则有

$$\mathrm{d}\sigma_{ij} \cdot \mathrm{d}\varepsilon_{ij} \geqslant 0 \tag{3-36}$$

3.4.3　伊柳辛公设

Drucker 公设只适用于稳定材料，而伊柳辛公设可同时适用于稳定材料和非稳定材料。

假设在应变空间存在一个曲面，其所包围的区域所对应的状态是弹性状态，而在曲面上的点对应的状态是塑性状态，这个曲面就是应变空间中的屈服面，应变屈服面的数学表达式为 $F(\varepsilon_{ij}, \varepsilon_{ij}^p, k) = 0$，式中 k 为常数。

材料从一个塑性状态到另一个塑性状态，并产生新的塑性变形，则称为塑性加载。

材料从一个塑性状态到弹性状态，则称为卸载。

材料从一个塑性状态变化到另一个塑性状态，但无新的塑性变形，这时称为中性变载。在卸载时 $\mathrm{d}F < 0$，而在加载和中性变载时，$\mathrm{d}F = 0$。

伊柳辛公设是在应变空间中建立本构理论的基础，可叙述如下：

在弹塑性材料的一个等温的应变循环内，外部所做的功是非负的。如果做功为正，表示有塑性变形发生。如果做功为零，则只有弹性变形。由伊柳辛公设可推出如下两个不等式，即

$$(\varepsilon_{ij} - \varepsilon_{ij}^0)\mathrm{d}\sigma_{ij}^0 \geqslant 0 \tag{3-37}$$

$$\mathrm{d}\varepsilon_{ij} \cdot \mathrm{d}\sigma_{ij}^p \geqslant 0 \tag{3-38}$$

式中　ε_{ij}^{0}——循环开始时的应变,位于屈服面内侧的点;

　　　ε_{ij}——塑性状态的应变,对位于屈服面上的点,$\mathrm{d}\varepsilon_{ij}$ 和 $\mathrm{d}\sigma_{ij}^{\mathrm{p}}$ 分别代表加载期间的应变增量和塑性应力增量。

应变循环如图 3-10 所示。

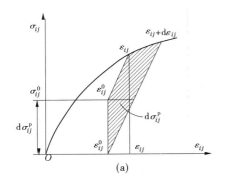 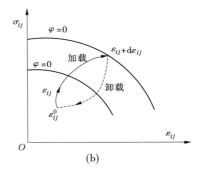

图 3-10　应变循环

由式(3-37)可以证明,在应变空间中,屈服面是外凸的,且 $\mathrm{d}\sigma^{\mathrm{p}}$ 垂直于应变屈服面,即

$$\mathrm{d}\sigma_{ij}^{\mathrm{p}} = \mathrm{d}\lambda \cdot \frac{\partial f}{\partial \varepsilon_{ij}} \tag{3-39}$$

式中　$\mathrm{d}\lambda$——非负塑性因子。

在应变空间中,加载卸载的准则是

$$\frac{\partial f}{\partial \varepsilon_{ij}} \cdot \mathrm{d}\varepsilon_{ij} \begin{cases} < 0 & 卸载 \\ = 0 & 中性变载 \\ > 0 & 加载 \end{cases}$$

其几何意义:加载、卸载和中性变载分别对应于应变增量指向应变屈服面的外侧、内侧及与屈服面相切。

3.5　全量理论与增量理论

3.5.1　全量理论

建立全量应力 σ_{ij} 与全量应变 ε_{ij} 之间本构关系的理论称为全量理论。由于塑性本构关系与应力或应变路径有关,应力和应变之间不存在唯一的对应关系,因此对一般的复杂加载历史和应力路径不可能建立起全量本构关系。当规定了具体的应力或应变路径之后,就可以对应力或应变路径积分,建立相应的全量本构关系。如果假设:

(1)比例加载,即保证应力各分量之间按一定比例增加。

(2)体积变化是弹性的,即 $\varepsilon_{v}^{\mathrm{p}} = 0$ 。

(3)应变偏张量 e_{ij} 与应力偏张量 s_{ij} 相似且同轴。

(4)广义剪应力 q (即等效应力)与广义剪应变 $\bar{\gamma}$ 之间存在确定的关系,即单一曲线。

这时就有可能建立起塑性全量应力与应变关系。当主动加载时,塑性全量理论就相当于非线性弹性理论。

从以上的简单介绍可知,建立全量本构关系的条件是非常苛刻的,对于岩土类材料来说是不容易实现的,因此全量理论一般不适于岩土类材料。岩土类材料主要应用塑性增量本构理论。

3.5.2 塑性增量理论

对于一般的加载条件来说,既然不可能建立全量应力与全量应变之间的塑性本构关系,那么就只有追踪应力路径建立应力增量与应变增量之间的增量本构关系,这种增量应力与增量应变之间的本构关系称为塑性增量理论。塑性增量理论主要包括以下几个方面的内容与概念。

3.5.2.1 屈服准则

屈服准则是判断材料进入塑性受力阶段的标志,没有屈服就没有塑性。

3.5.2.2 加卸载准则

只有知道材料处于塑性加载条件或弹性加卸载条件下,才能分别按塑性或弹性本构关系进行应力与应变分析。判断材料处于塑性加载或弹性加卸载的条件称为加卸载条件。

3.5.2.3 流动法则

对于各向同性的弹性本构关系来说,增量应变与增量应力的方向一致,而对于塑性本构关系来说,塑性应变增量 $\mathrm{d}\varepsilon_{ij}^{\mathrm{p}}$ 与应力增量 $\mathrm{d}\sigma_{ij}$ 的方向并不一致,而是与屈服函数或塑性势函数的梯度方向有关。这种建立塑性应变增量方向(或塑性流动方向)与屈服函数或塑性势函数梯度方向间关系的理论,称为塑性流动理论或塑性位势理论。

3.5.2.4 硬化规律与定律

对于应变硬化材料来说,硬化规律说明屈服面以何种运动规律产生硬化,这就要对硬化规律作出假设。硬化定律则是具体说明屈服面为什么会硬化,即规定硬化函数与硬化参数的具体内容。

此外,塑性增量理论还要求材料在受力过程中符合能量守恒定律或热力学第一定律,这就是关于材料稳定性的 Drucker 公设与伊柳辛塑性公设。

3.5.3 关于材料性质的基本假设

岩土类材料的本构特性是很复杂的,要建立完全反映这类材料的应力—应变特性的普遍的弹塑性增量本构关系几乎是不可能的,也没有必要。只有针对岩土类材料的主要本构特性建立本构关系才是现实的和必要的。因此,在具体建立塑性增量本构关系之前,需要对材料性质作一些假设。除小变形和弹塑性不耦合等假设外,还需要假设:

(1)材料初始是各向同性的。

(2)对于应力导致的各向异性,一般假设主应力轴不偏转,即硬化过程中应力主轴方向不变。

(3)应变增量可以分解为弹性与塑性两部分,即 $\mathrm{d}\varepsilon_{ij} = \mathrm{d}\varepsilon_{ij}^{\mathrm{e}} + \mathrm{d}\varepsilon_{ij}^{\mathrm{p}}$。

本章小结

　　本章主要介绍了岩石的强度准则及其屈服准则,强度准则包括 Coulomb – Navier 准则、Mohr 准则、Coulomb – Mohr 准则等,屈服准则包括 Tresca 屈服准则、Mises 屈服准则等,其中既有来源于传统的弹塑性力学的力学理论准则,又有针对岩石建立的理论,也有来源于经验的理论准则,这些强度理论准则和屈服准则几乎涵盖了岩石力学中熟知的各种理论,对常用理论的适用范围进行了讨论。此外,本章详细阐述了 Drucker 公设、伊柳辛公设及全量理论和增量理论,在理解这些内容的基础上可进一步学习塑性力学的相关内容,对岩石力学有更深入的了解。

思考题

1. 何谓岩石的强度准则? 为何要提出强度准则?
2. 岩石强度准则和屈服准则有何异同?
3. 岩石的强度准则如何分类?
4. 试论述 Coulomb 准则、Mohr 准则的基本原理、主要区别及它们之间的联系。
5. 常用的岩石屈服条件有哪些? 有何区别?
6. 试论述增量理论与全量理论的区别与联系。

第 4 章　岩石力学解析方法

4.1　弹性力学平面问题

岩石工程中的大量问题可以简化为平面应力或应变问题,尤以平面应变问题最为常见,如地下硐室、挡土结构,它们的长度方向比高度、宽度大得多,长度方向的变形约束很大,可以认为应变为零。于是假定结构应变仅发生在横向平面内,构成平面应变问题。在弹性力学中,平面应力问题与平面应变问题之间是可相互转换的,只须将介质的泊松比和弹性模量进行代替即可。即将平面应力问题中的 v 换成 $v/(1-v)$,E 换成为 $E/(1-v^2)$ 即为平面应变问题。

求解弹性力学问题时,目标是在给定的边界条件下求解弹性体内一点的应力分量和位移分量。一般,空间一点的应力分量可写作应力张量。

$$\sigma = \begin{pmatrix} \sigma_{xx} & \sigma_{xy} & \sigma_{xz} \\ \sigma_{yx} & \sigma_{yy} & \sigma_{yz} \\ \sigma_{zx} & \sigma_{zy} & \sigma_{zz} \end{pmatrix} \tag{4-1}$$

由于应力张量是对称的,仅有 6 个独立的应力分量。

空间内一点的位移分量有 3 个,即 x、y、z 方向的独立线位移分量分别为 u、v、w,写作向量式为

$$d = \begin{pmatrix} u \\ v \\ w \end{pmatrix} \tag{4-2}$$

因此,要求解一般的弹性力学空间问题必须联立求解满足边界条件的 9 个方程式。这 9 个方程式中包括 3 个平衡方程式和 6 个几何方程式。利用弹性体介质的本构方程式可以将平衡方程式与几何方程式联系起来,将弹性力学问题简化为按位移求解或按应力求解。

对于平面弹性问题,应力张量和位移向量分别为

$$\sigma = \begin{pmatrix} \sigma_{xx} & \sigma_{xy} \\ \sigma_{yx} & \sigma_{yy} \end{pmatrix} = \begin{pmatrix} \sigma_x & \tau_{xy} \\ \tau_{yx} & \sigma_y \end{pmatrix} \tag{4-3}$$

$$d = \begin{pmatrix} u \\ v \end{pmatrix} \tag{4-4}$$

4.1.1　平面问题的应力函数解法

图 4-1 表示平面上一点的应力状态和应变状态。

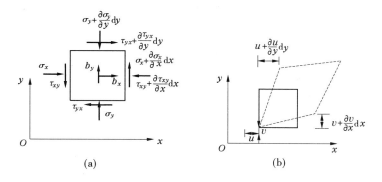

图 4-1　平面一点应力状态和应变状态

求解平面问题的基本方程式有 3 个。

（1）平衡微分方程式。

$$\left.\begin{array}{c} \dfrac{\partial \sigma_x}{\partial x} + \dfrac{\partial \tau_{xy}}{\partial y} + b_x = 0 \\[3mm] \dfrac{\partial \sigma_y}{\partial x} + \dfrac{\partial \tau_{xy}}{\partial y} + b_y = 0 \end{array}\right\} \tag{4-5}$$

式中　b_x，b_y——x，y 方向的体力分量。

（2）几何方程式（表示应变分量与位移分量的关系）。

$$\left.\begin{array}{c} \varepsilon_x = \dfrac{\partial u}{\partial x} \\[3mm] \varepsilon_y = \dfrac{\partial v}{\partial y} \\[3mm] \varepsilon_{xy} = \dfrac{\partial u}{\partial y} + \dfrac{\partial v}{\partial x} \end{array}\right\} \tag{4-6}$$

（3）本构方程。对于线弹性体而言，本构方程就是广义虎克定律，即应力分量与应变分量间的关系式为

$$\left.\begin{array}{c} \varepsilon_x = \dfrac{1}{E}(\sigma_x - \mu\sigma_y) \\[3mm] \varepsilon_y = \dfrac{1}{E}(\sigma_y - \mu\sigma_x) \\[3mm] \varepsilon_{xy} = \dfrac{1}{G}\tau_{xy} \end{array}\right\} \tag{4-7}$$

式中　E——岩石弹性模量；

　　　G——剪切模量；

　　　μ——泊松比。

E、G、μ 之间的关系为

$$G = \frac{E}{2(1+\mu)} \tag{4-8}$$

弹性力学平面问题可按位移分量求解 u、v，也可按应力分量求解 σ_x、σ_y、τ_{xy}。当按

应力求解时,可以简化为仅有一个未知函数,即应力函数 $\varphi(x,y)$ 的求解问题。若设应力函数 $\varphi(x,y)$,称为艾雷(Airy)应力函数,使得

$$
\left.
\begin{aligned}
\sigma_x &= \frac{\partial^2 \varphi}{\partial y^2} - b_x x \\
\sigma_y &= \frac{\partial^2 \varphi}{\partial x^2} - b_y y \\
\tau_{xy} &= \tau_{yx} = -\frac{\partial^2 \varphi}{\partial x \partial y}
\end{aligned}
\right\}
\tag{4-9}
$$

则平衡微分方程式(4-5)自然满足,剩下的问题是求解进一步满足几何方程式(4-6)和虎克定律式(4-7)的条件。

为此,将几何方程式(4-6)转化为形变协调方程,即

$$
\frac{\partial^2 \varepsilon_x}{\partial y^2} + \frac{\partial^2 \varepsilon_y}{\partial x^2} = \frac{\partial^2 \varepsilon_{xy}}{\partial x \partial y}
\tag{4-10}
$$

再将虎克定律式(4-7)代入式(4-10),利用平衡方程式(4-5)进行简化,最后可以得到由应力分量表示的相容方程式,即

$$
\nabla^2(\partial x + \partial y) = \frac{1}{1-\mu}\left(\frac{\partial b_x}{\partial x} + \frac{\partial b_y}{\partial y}\right)
\tag{4-11}
$$

式中, $\nabla^2 = \frac{\partial^2}{\partial x^2} + \frac{\partial^2}{\partial y^2}$ 为拉普拉斯算子。

最后,将式(4-9)代入式(4-11)即可得到应力函数表达的综合方程式为

$$
\nabla^2 \nabla^2 \varphi = 0
\tag{4-12}
$$

式中　　$\nabla^2 \nabla^2 = \frac{\partial^4}{\partial x^4} + \frac{\partial^4}{\partial x^2 \partial y^2} + \frac{\partial^4}{\partial y^4}$

由此可见,平面问题的应力函数 $\varphi(x,y)$ 应满足双调和方程,故称应力函数 $\varphi(x,y)$ 为双调和函数。对于一个特定的问题,应力函数 $\varphi(x,y)$ 还必须满足边界条件。应力函数解法的典型实例,读者可参考专门的弹性力学著作。

4.1.2　平面问题极坐标方程

对于岩石力学的一些轴对称问题,如圆形硐室问题,应用极坐标方程求解较为方便。

取极坐标 (r,θ) ,任一点的应力状态为 $(\sigma_r,\sigma_\theta,\tau_{r\theta})$,体力为 b_r , b_θ ,其极坐标的受力单元体如图4-2所示。

考虑单元体径向力和环向力的平衡,可以得出极坐标应力分量应满足的平衡方程式为

$$
\left.
\begin{aligned}
\frac{\partial \sigma_r}{\partial r} + \frac{1}{r}\frac{\partial \tau_\theta}{\partial \theta} + \frac{\sigma_r - \sigma_\theta}{r} + b_r &= 0 \\
\frac{1}{r}\frac{\partial \tau_{r\theta}}{\partial \theta} + \frac{\partial \tau_{r\theta}}{\partial r} + \frac{2\tau_{r\theta}}{r} + b_\theta &= 0
\end{aligned}
\right\}
\tag{4-13}
$$

在极坐标内一点的位移用径向位移 u 和环向位移 v 表示,则极坐标一点的应力分量几何方程式为

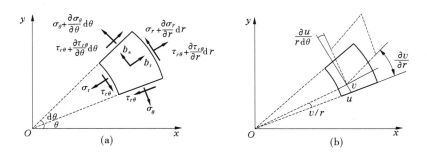

图 4-2　极坐标的受力单元体

$$\left.\begin{aligned}
\varepsilon_r &= \frac{\partial u}{\partial r} \\
\varepsilon_\theta &= \frac{u}{r} + \frac{1}{r}\frac{\partial v}{\partial \theta} \\
\varepsilon_{r\theta} &= \frac{1}{r}\frac{\partial u}{\partial \theta} + \frac{\partial v}{\partial r} - \frac{v}{r}
\end{aligned}\right\} \tag{4-14}$$

极坐标的物理方程,对于平面应变问题为

$$\left.\begin{aligned}
\varepsilon_r &= \frac{1-\mu^2}{E}\left(\sigma_r - \frac{\mu}{1-\mu}\sigma_\theta\right) \\
\varepsilon_\theta &= \frac{1-\mu^2}{E}\left(\sigma_\theta - \frac{\mu}{1-\mu}\sigma_r\right) \\
\varepsilon_{r\theta} &= \frac{1}{G}\tau_{r\theta}
\end{aligned}\right\} \tag{4-15}$$

在极坐标中也可以用应力函数求解平面问题,为此必须利用直角坐标与极坐标之间变换关系式求出极坐标中应力函数 $\varphi(x,y)$ 表达的应力分量和双调和方程。

极坐标与直角坐标系的变换式为

$$\left.\begin{aligned}
r^2 &= x^2 + y^2 \\
\theta &= \arctan\left(\frac{y}{x}\right)
\end{aligned}\right\} \tag{4-16}$$

由此可以求得极坐标的拉普拉斯算子为

$$\nabla^2 = \frac{\partial^2}{\partial x^2} + \frac{\partial^2}{\partial y^2} = \frac{\partial^2}{\partial r^2} + \frac{1}{r}\frac{\partial}{\partial r} + \frac{1}{r^2}\frac{\partial^2}{\partial \theta^2} \tag{4-17}$$

因此,在极坐标下应力函数应满足的双调和方程为

$$\nabla^2\nabla^2\varphi = 0 \tag{4-18}$$

由应力函数 $\varphi(x,y)$ 表达的应力分量为

$$\left.\begin{aligned}
\sigma_r &= \frac{1}{r}\frac{\partial \varphi}{\partial r} + \frac{1}{r^2}\frac{\partial^2 \varphi}{\partial \theta^2} \\
\sigma_\theta &= \frac{\partial^2 \varphi}{\partial r^2} \\
\tau_{r\theta} &= \frac{1}{r}\frac{\partial \varphi}{\partial r} + \frac{1}{r^2}\frac{\partial^2 \varphi}{\partial r \partial \theta} = -\frac{\partial}{\partial r}\left(\frac{1}{r}\frac{\partial \varphi}{\partial \theta}\right)
\end{aligned}\right\} \tag{4-19}$$

4.1.3　平面问题的复变函数解法

研究复连通问题的应力分布,利用复变函数解法有其优点。复变函数解法采用图 4-3 的复数坐标。

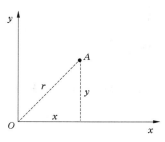

图 4-3　复数坐标

$$z = x + iy \ ; \ \bar{z} = x - iy \ ; \ i = \sqrt{-1} \tag{4-20}$$

相应的复变函数为复数坐标的解析函数。

根据式(4-20),一个直角坐标函数 $f(x,y)$ 与复数坐标的解析函数 $F(z,\bar{z})$ 之间的互换关系为

$$\left. \begin{array}{l} \dfrac{\partial F}{\partial x} = \dfrac{\partial F}{\partial z} + \dfrac{\partial F}{\partial \bar{z}} \\[3mm] \dfrac{\partial F}{\partial y} = \dfrac{\partial F}{\partial z} - \dfrac{\partial F}{\partial \bar{z}} \\[3mm] \dfrac{\partial^2 F}{\partial x^2} = \dfrac{\partial^2 F}{\partial z^2} + 2\dfrac{\partial^2 F}{\partial z \partial \bar{z}} + \dfrac{\partial^2 F}{\partial \bar{z}^2} \\[3mm] \dfrac{\partial^2 F}{\partial y^2} = -\left(\dfrac{\partial^2 F}{\partial z^2} - 2\dfrac{\partial^2 F}{\partial z \partial \bar{z}} + \dfrac{\partial^2 F}{\partial \bar{z}^2} \right) \end{array} \right\} \tag{4-21}$$

因此

$$\nabla^2 F = \dfrac{\partial^2 F}{\partial x^2} + \dfrac{\partial^2 F}{\partial y^2} = 4\dfrac{\partial^2 F}{\partial z \partial \bar{z}} \tag{4-22}$$

同样,可以求得双调和方程为

$$\nabla^2 \nabla^2 F = \left(\dfrac{\partial^2}{\partial x^2} + \dfrac{\partial^2}{\partial y^2} \right)\left(\dfrac{\partial^2 F}{\partial x^2} + \dfrac{\partial^2 F}{\partial y^2} \right) = 0 \tag{4-23}$$

其复变函数表达式为

$$\dfrac{\partial^4 F}{\partial z^2 \partial \bar{z}^2} = 0 \tag{4-24}$$

前面已经知道,平面问题的应力函数解法中,应力函数应满足双调和方程。因此,在复变函数解法中,复应力函数应满足

$$\dfrac{\partial^4 \varphi}{\partial z^2 \partial \bar{z}^2} = 0 \tag{4-25}$$

这个双调和方程的一般解为

$$\varphi = \frac{1}{2}\left[\bar{z}\,\varPhi(z) + z\,\varPhi(z) + x(z) + \bar{x}(z)\right] \tag{4-26}$$

或为
$$\varphi = \mathrm{Re}\left[\bar{z}\,\varPhi(z) + x(z)\right] \tag{4-27}$$

这里 $\mathrm{Re}[\sim]$ 表示括号函数的实部；$\varPhi(z)$，$x(z)$ 为未知的解析复变函数；$\varPhi(z)$，$\bar{x}(z)$ 为 $\varPhi(z)$，$x(z)$ 的共轭函数。

因此，复变函数解法的目标是求出满足边界条件和双调和方程式(4-25)的解析函数 $\varPhi(z)$ 和 $x(z)$，一旦求出这两个函数，应力分量可以通过应力函数进行计算，可以导得计算公式为

$$\left.\begin{array}{l} \sigma_x + \sigma_y = 2\left[\varPhi'(z) + \overline{\varPhi}'(z)\right] = 4\mathrm{Re}\left[\varPhi'(z)\right] \\ \sigma_y - \sigma_x + 2i\tau_{xy} = 2\left[z\varPhi''(z) + \bar{x}''(z)\right] \end{array}\right\} \tag{4-28}$$

下面来讨论复变函数解应满足的边界条件。弹性力学平面问题一般有两类边界条件：一类是应力边界条件，另一类是位移边界条件。

4.1.3.1　应力边界条件

图 4-4 表示边界 AB 上线元 $\mathrm{d}s$ 作用的力 $X_n\mathrm{d}s$、$Y_n\mathrm{d}s$，由边界单元的平衡条件得

$$\left.\begin{array}{l} X_n = \sigma_x\cos\alpha + \tau_{xy}\sin\alpha \\ Y_n = \tau_{xy}\cos\alpha + \sigma_y\sin\alpha \\ \cos\alpha = \dfrac{\mathrm{d}y}{\mathrm{d}s} \\ \sin\alpha = -\dfrac{\mathrm{d}x}{\mathrm{d}s} \end{array}\right\} \tag{4-29}$$

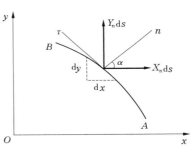

图 4-4　边界 AB 上线元的作用力

同时将应力分量用应力函数 $\varphi(z,\bar{z})$ 表示，式(4-29)成为

$$\left.\begin{array}{l} X_n = \dfrac{\partial^2\varphi}{\partial y^2}\dfrac{\mathrm{d}y}{\mathrm{d}s} + \dfrac{\partial^2\varphi}{\partial x\partial y}\dfrac{\mathrm{d}x}{\mathrm{d}s} = \dfrac{\mathrm{d}}{\mathrm{d}s}\left(\dfrac{\partial\varphi}{\partial y}\right) \\ Y_n = -\left(\dfrac{\partial^2\varphi}{\partial x\partial y}\dfrac{\mathrm{d}y}{\mathrm{d}s} + \dfrac{\partial^2\varphi}{\partial x^2}\dfrac{\mathrm{d}x}{\mathrm{d}s}\right) = -\dfrac{\mathrm{d}}{\mathrm{d}s}\left(\dfrac{\partial\varphi}{\partial x}\right) \end{array}\right\} \tag{4-30}$$

积分并写成复数形式，就是解析函数 $\varPhi(z)$，$x(z)$ 应满足的应力边界条件，即

$$\frac{\partial\varphi}{\partial x} + i\frac{\partial\varphi}{\partial y} = \varPhi(z) + z\varPhi'(z) + \bar{x}'(z) = i\int_A^B(X_n + iY_n)\mathrm{d}s + 常量 = f_1 + if_2 + 常量 \tag{4-31}$$

4.1.3.2　位移边界条件

所谓位移边界条件，一般指定边界的位移 u、v 已知，或者其一阶导数已知。设在边界上有

$$u = g_1(s),\ v = g_2(s) \tag{4-32}$$

由于应力函数直接与应力分量相关，为了利用边界条件必须推导出位移分量的应力函数表达式。经过推导可得

$$2G(u + iv) = \kappa\varPhi(z) - z\bar{x}'(z) - \bar{x}'(z) \tag{4-33}$$

$$G = \frac{E}{2(1+\mu)},\ \kappa = \frac{3-\mu}{1+\mu},\ \kappa = 3 - 4\mu(平面应变) \tag{4-34}$$

因此,复变函数应满足的位移边界条件为

$$\kappa \phi(z) - z \bar{x}'(z) - \bar{x}'(z) = 2G(g_1 + ig_2) \tag{4-35}$$

以上是平面弹性问题应力函数解法的基本理论和方法,包括直角坐标、极坐标和复变函数解法。对于复变函数解法,经常运用到一些特殊的正交曲线坐标系,例如椭圆坐标系、双曲坐标系等。

4.2　弹性岩体中的圆孔问题

在研究过程中,假定岩体连续、完全弹性、均匀、各向同性和微小变形,即满足古典弹性理论的全部假定。由于地下开挖体在长度方向的尺寸通常总比横截面尺寸大得多,在不考虑掘进影响时,可采用平面应变的假定。

对于裂隙不多的坚硬岩体,一般认为可应用线弹性理论分析;对于裂隙岩体或软弱岩体,如果围岩应力不高,围岩有可能处于弹性状态。线弹性分析是围岩压力理论研究十分重要的内容,是弹塑性、黏弹性、黏弹塑性及弱面体力学分析的基础。

设在距地表 H 深处开挖一半径为 a 的圆形硐室,且 $H > (3 \sim 5)a$。根据以上假定,可把在岩体中开挖硐室后围岩应力分布问题视为双向受压无限大平板中的孔口应力分布问题,如图 4-5 所示。

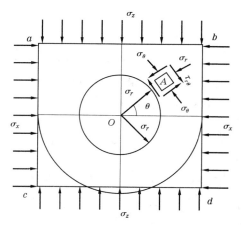

图 4-5　圆形硐室围岩中的应力分布

在距圆形硐室中心为 r 的某点取一单元体 $A(r,\theta)$（θ 为 OA 与水平轴的夹角）,采用极坐标求解围岩应力。圆形硐室的应力一般可按基尔西公式求解,其求解应力的公式为

$$\left.\begin{aligned}
\sigma_r &= \frac{P}{2}(1 + \lambda)\left(1 - \frac{a^2}{r^2}\right) + \frac{P}{2}(1 - \lambda)\left(1 - 4\frac{a^2}{r^2} + 3\frac{a^4}{r^4}\right)\cos 2\theta \\
\sigma_\theta &= \frac{P}{2}(1 + \lambda)\left(1 + \frac{a^2}{r^2}\right) + \frac{P}{2}(1 - \lambda)\left(1 + 3\frac{a^4}{r^4}\right)\cos 2\theta \\
\tau_{r\theta} &= \frac{P}{2}(1 - \lambda)\left(1 + 2\frac{a^2}{r^2} - 3\frac{a^4}{r^4}\right)\sin 2\theta
\end{aligned}\right\} \tag{4-36}$$

则点 $A(r, \theta)$ 处的主应力为

$$最大主应力: \sigma_1 = \frac{1}{2}(\sigma_r + \sigma_\theta) + \left[\frac{1}{4}(\sigma_r - \sigma_\theta)^2 + \tau_{r\theta}^2\right]^{\frac{1}{2}} \tag{4-37}$$

$$最小主应力: \sigma_3 = \frac{1}{2}(\sigma_r + \sigma_\theta) - \left[\frac{1}{4}(\sigma_r - \sigma_\theta)^2 + \tau_{r\theta}^2\right]^{\frac{1}{2}} \tag{4-38}$$

$$主应力对径向的倾角: \alpha = \frac{1}{2}\arctan^{-1}\left[\frac{2\tau_{r\theta}}{(\sigma_\theta - \sigma_r)}\right] \tag{4-39}$$

式中　σ_r ——岩体任意一点 A 的径向应力;

　　　σ_θ ——岩体任意一点 A 的切向应力;

　　　$\tau_{r\theta}$ ——任意一点 A 的剪应力;

　　　P ——作用在岩体上的原岩垂直应力;

　　　λ ——侧压力系数。

(1)当 $\lambda = 1$ 时,围岩处于静水应力状态,式(4-36)简化为

$$\left.\begin{aligned}
\sigma_r &= P\left(1 - \frac{a^2}{r^2}\right) \\
\sigma_\theta &= P\left(1 + \frac{a^2}{r^2}\right) \\
\tau_{r\theta} &= 0
\end{aligned}\right\} \tag{4-40}$$

由式(4-40)可以看出,径向应力 σ_r 和切向应力 σ_θ 都随径向间距 r 变化(见图4-6)。

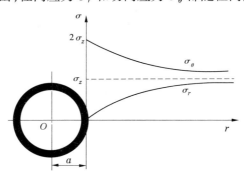

图 4-6　$\lambda = 1$ 时圆形硐室的围岩应力分布曲线

当 $r = a$ 时, $\sigma_r = 0$, $\sigma_\theta = 2P$;当 $r \to \infty$ 时, $\sigma_r = P$, $\sigma_\theta = P$,而 $\tau_{r\theta}$ 恒等于零。可见,在硐室周边处的应力差最大,由它派生的剪应力也最大,说明在硐室周边容易发生破坏。

(2)当 $\lambda \neq 1$ 时,根据式(4-36),可得到在 $r = a$ 处的应力为

$$\left.\begin{aligned}
\sigma_r &= 0 \\
\sigma_\theta &= P(1 + 2\cos2\theta) + \lambda P(1 - 2\cos2\theta) \\
\tau_{r\theta} &= 0
\end{aligned}\right\} \tag{4-41}$$

由式(4-41)可知,在硐室周围处,切向应力 σ_θ 最大,径向应力 $\sigma_r = 0$,剪应力 $\tau_{r\theta} = 0$,所以 σ_θ 为主应力。同时还可以看出, σ_θ 值不仅与 P 及 λ 有关,而且与 θ 有关。λ 的变化对硐室周边切向应力分布起着决定性作用。

(3)当 $\theta = \dfrac{\pi}{2}$ (或 $\theta = \dfrac{3\pi}{2}$), $r = a$ 时,由式(4-36)可得

$$\sigma_\theta = \frac{P}{2}\big[2(1 + \lambda) - 4(1 - \lambda)\big] = P(3\lambda - 1) \tag{4-42}$$

由此可见,在硐室的顶部和底部, σ_θ 不出现负值(拉力)的条件是 $\lambda > \dfrac{1}{3}$ 。由于最大的拉应力往往出现在硐室开挖边缘的顶部和底部,所以 $\lambda > \dfrac{1}{3}$ 是圆形硐室不出现拉应力的条件。

4.3 圆形硐室问题的弹塑性分析

地下工程开挖后,如果围岩应力小于岩体的屈服极限,则围岩仍处于弹性状态;如果围岩局部区域的应力超过岩体强度,则岩体物性状态发生改变,围岩进入塑性或破坏状态。围岩的塑性或破坏状态有两种情况:一是围岩局部区域的拉应力达到了岩体抗拉强度,产生局部受拉分离破坏;二是局部区域的剪应力达到了岩体抗剪强度,从而使这部分围岩进入塑性状态,但其余部分围岩仍然处于弹性状态。

目前,地下工程塑性区的应力、变形及其范围大小的计算仍以弹塑性理论所提出的基本观点作为研究和计算的依据,即无论是应力、变形还是位移,都认为是连续变化的。塑性区应力状态的解析解,只能解出 $\lambda = 1$ 的圆形硐室(即轴对称问题),并且认为岩体是均质的、各向同性的弹性体。因此,这里只对轴对称条件下的围岩应力进行弹塑性分析。

4.3.1 平衡方程

轴对称条件下,应力及变形均仅是 r 的函数,与 θ 无关,且塑性区为等厚圆,在塑性区中假设 c 、φ 值为常数,在弹性区与塑性区交界处既满足弹性条件又满足塑性条件。在不考虑体力时,得平衡方程为

$$\frac{\partial \sigma_r}{\partial r} + \frac{\sigma_r - \sigma_\theta}{r} = 0 \tag{4-43}$$

4.3.2 塑性条件

在塑性区,应力除满足平衡方程外,还需满足塑性条件。所谓塑性条件,就是岩体中应力满足此条件时,岩体便呈现塑性状态。根据莫尔强度理论,当岩体的强度曲线与岩体内各点的应力 σ_θ 与 σ_r 值做出的莫尔圆相切时,岩体就进入了塑性状态,故塑性条件就是莫尔强度理论中的强度条件。如图 4-7 所示,在 $\triangle ABM$ 中

$$\frac{\sigma_r^p + c\cot\varphi}{\sigma_\theta^p + c\cot\varphi} = \frac{1 - \sin\varphi}{1 + \sin\varphi} \tag{4-44}$$

式(4-44)即为塑性区岩体应满足的塑性条件,上标 p 表示塑性区的分量。

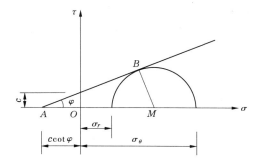

图 4-7　$\lambda = 1$ 塑性区内应力圆与强度曲线的关系

4.3.3　塑性区的应力

联立解式(4-43)及式(4-44),即可得到极限平衡状态下塑性区的应力,即

$$\ln(\sigma_r^p + c\cot\varphi) = \frac{2\sin\varphi}{1 - \sin\varphi}\ln r + C_1 \tag{4-45}$$

式中　C_1——积分常数,由边界条件确定。

当有支护时,支护与围岩接触面($r = a$)上的应力边界条件为 σ_r^p 应等于支护抗力 P_i,所以有

$$\ln(P_i + c\cot\varphi) = \frac{2\sin\varphi}{1 - \sin\varphi}\ln a + C_1 \tag{4-46}$$

$$C_1 = \ln(P_i + c\cot\varphi) - \frac{2\sin\varphi}{1 - \sin\varphi}\ln a$$

代入式(4-44)及式(4-45)可得到塑性区应力,即

$$
\begin{aligned}
\ln(\sigma_r^p + c\cot\varphi) &= \frac{2\sin\varphi}{1 - \sin\varphi}\ln r + \ln(P_i + c\cot\varphi) - \frac{2\sin\varphi}{1 - \sin\varphi}\ln a \\
&= \frac{2\sin\varphi}{1 - \sin\varphi}(\ln r - \ln a) + \ln(P_i + c\cot\varphi) \\
&= \ln\left[\left(\frac{r}{a}\right)^{\frac{2\sin\varphi}{1-\sin\varphi}}(P_i + c\cot\varphi)\right]
\end{aligned}
\tag{4-47}
$$

$$\sigma_r^p + c\cot\varphi = (P_i + c\cot\varphi)\left(\frac{r}{a}\right)^{\frac{2\sin\varphi}{1-\sin\varphi}} \tag{4-48}$$

$$
\left.
\begin{aligned}
\sigma_r^p &= (P_i + c\cot\varphi)\left(\frac{r}{a}\right)^{\frac{2\sin\varphi}{1-\sin\varphi}} - c\cot\varphi \\
\sigma_\theta^p &= (P_i + c\cot\varphi)\left(\frac{1 + \sin\varphi}{1 - \sin\varphi}\right)\left(\frac{r}{a}\right)^{\frac{2\sin\varphi}{1-\sin\varphi}} - c\cot\varphi
\end{aligned}
\right\}
\tag{4-49}
$$

式(4-49)为轴对称问题塑性区内次生应力的计算公式,即修正的芬涅尔公式。塑性

应力随着 c、φ 及 P_i 的增大而增大,而与原岩应力 P 无关。

4.3.4 围岩应力变化规律

图 4-8 绘出了从硐室周边沿径向方向上诸点应力的变化规律,可以看出,当围岩进入塑性状态时,σ_θ 的最大值从硐室周边转移到弹性区与塑性区的交界处。随着向岩体内部延伸,围岩应力逐渐恢复到原岩应力状态。在塑性区内,由于塑性区的出现,切向应力 σ_θ 从弹性区与塑性区的交界处向硐室周边逐渐降低。

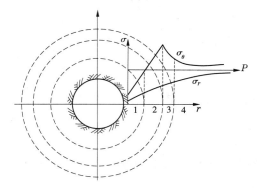

1—松动区;2—塑性区;3—弹性区;4—原岩应力区

图 4-8 塑性区围岩应力分布状态

根据围岩变形状态,可将硐室周围的岩体从周边开始逐渐向深部分为四个区域,各区域的变形特征如下:

(1)松动区。区内岩体已被裂隙切割,越靠近硐室周边越严重,其黏聚力 c 趋近于零,内摩擦角 φ 亦有所降低,岩体强度明显削弱。因区内岩体应力低于原岩应力,故称应力降低区。

(2)塑性强化区。区内岩体呈塑性状态,但具有较高的承载能力,岩体处于塑性强度阶段。区内岩体应力大于原岩应力,最大的应力集中由围岩周边转移到弹性区与塑性区的交界面上。

(3)弹性变形区。区内岩体在次生应力作用下仍处于弹性变形状态,各点的应力均超过原岩应力,应力解除后能恢复到原岩应力状态。

(4)原岩应力区。未受开挖影响,岩体仍处于原岩应力状态。

本章小结

本章主要介绍了岩石力学平面问题的解析方法,主要包括平面问题的应力函数解法、平面问题的极坐标方程、平面问题的复变函数解法,在此基础上,分析了弹性岩体中圆孔问题,并对轴对称条件下圆形硐室围岩应力分布进行了弹塑性分析。

思考题

1. 何谓平面应变状态? 与平面应力状态有何区别?

2. 试述弹性力学平面问题各个解析方法的区别与联系。

3. 简要说明圆形硐室围岩应力分布的主要特点。

4. 根据弹塑性区围岩应力变化的规律及分布状态,可将硐室围岩分为几个区域? 简要说明每个区域的应力分布特点。

第 5 章　岩石力学试验与变形

　　岩石强度、屈服、断裂等工程特性主要表现为岩石力学参数,一般说来,这些力学参数必须通过岩石力学试验才能获得。进行岩石力学试验时,岩石的尺度至少应为岩石内细观缺陷大小的 15～20 倍,以消除岩石各种缺陷的影响,才能体现宏观均质连续的特征。常用的单轴压缩试验、单轴拉伸试验、剪切试验、围压三轴试验等,都是简单的岩石力学试验。

5.1　岩石变形的概念

　　岩石在受到外力的作用下将产生变形,这是岩石的可变形性。岩石的变形特性不仅与岩石本身的材料特性密切相关,同时随环境和作用的延续时间不同而发生变化,因此描述岩石的变形特性变得极其复杂。在论述岩石的变形特性之前,介绍几个重要的变形体力学概念。

　　弹性(elasticity):指物体在外力的作用下发生变形,当外力撤除后变形能够恢复的性质,这种变形称为弹性变形。弹性按照应力—应变关系可以分为线弹性和非线性弹性,线弹性体又称为理想弹性体或 Hook 弹性体,其应力—应变呈直线关系,如图 5-1(a)所示,非线性弹性材料的应力—应变呈非直线关系。

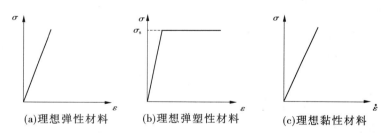

(a)理想弹性材料　　　(b)理想弹塑性材料　　　(c)理想黏性材料

图 5-1　材料应力—应变关系

　　塑性(plasticity):指物体在力的作用下发生不可逆变形(irreversible deformation)的性质,这种不可逆的变形也称为塑性变形(plastic deformation)或残余变形、永久变形(permanent deformation)。在外力作用下只发生塑性变形或在一定应力范围内只发生塑性变形的物体,称为塑性介质。理想弹塑性材料的应力—应变关系如图 5-1(b)所示,当应力低于屈服应力 σ_s 时,材料表现为弹性,应力达到屈服应力后,变形不断增大而应力不变,应力—应变曲线呈水平直线。一般应力超过屈服应力后物体既有弹性变形又有塑性变形,弹性变形和塑性变形就难以区别了。

　　脆性(brittleness):指物体在力的作用下变形很小即发生破坏的性质。材料的塑性与脆性是根据其受力破坏时的总应变及全应力—应变曲线上下降段的负坡度大小来划分的。破坏前总应变小,负坡较陡者为脆性,反之为塑性。岩石工程一般以 5% 为标准进行划分,总应变大于 5% 者为塑性材料,反之为脆性材料。赫德(Heard,1963 年)以 3% ~ 5% 为界限,将岩石划分三类:总应变小于 3% 者为脆性岩石;总应变在 3% ~5% 者为半脆性或脆塑性岩石;总应变大于 5% 者为塑性岩石。按以上标准,大部分地表岩石在低围压条件下都是脆性或半脆性的。

延性(ductility):指物体在力的作用下破坏前能够发生大量应变的性质,其中主要是塑性变形。在某些文献中把物体能承受较大的塑性变形而不丧失其承载能力的性质称为延性。

黏性(viscosity):指物体在力的作用下能够抑止瞬间变形,使变形因时间效应而滞后的性质。对于理想的黏性材料(如牛顿流体),其黏性应力—应变速率关系如图 5-1(c)所示,它是过原点的一条直线。

尽管岩石的变形特性是很复杂的,但对大多数在常温常压下的岩石来说,通常仍可将其看作一种近似的弹脆性体,所以在许多情况下都主要以弹性理论为基础对其进行试验研究。

5.2　岩石单轴压缩试验

岩石单轴压缩试验是最简单的岩石力学试验,通常岩石试件做成棱柱体或圆柱体,要求长度 L 与直径 D 之比 $L/D \geq 2.0$,以克服试验机上下压板与试件端部的摩擦影响。试件直径 D 不得小于 50 mm,工程上常用试件为 $\phi 50$ mm×100 mm(高度)。试件加工端部误差 0.02 mm,垂直向在 0.001 rad 以内,试件端面光滑、平整,两端面平行且垂直于轴线。为了得到较好可信的结果,工程试验规定试件数量不宜少于 6 个。

单轴压缩试验中,岩石试件内的应力分布、破坏方式和强度值会受到影响,影响因素包括压力试验机的刚性、承压板与试件端面的摩擦、试件的几何形态(形状、高径比和尺寸)、加载速度。

5.2.1　刚性压力试验机

所谓刚性压力试验机是相对于一般普通压力试验机而言的。一般普通压力试验机其整体结构刚度较小,在进行岩石压缩试验时,如果试验机架的轴向刚度较小,则试验会在刚好越过峰值强度之后发生试样的迅猛破坏,导致应力—应变曲线的垂直下降。分析表明,出现这种现象是由于当荷载达到岩石的强度极限后,岩石试件抗变形能力降低,储存在压力机机柱和压力机系统的弹性应变能在试件破坏时突然释放到试件上,这种弹性变形能的瞬时释放,使岩石试件在极短的时间内发生类似于爆炸性的崩解破坏。

当刚性压力试验机的整体结构刚度较大时,试验过程中达到岩石强度极限后,压力机释放出的弹性变性能较小,岩石试件不会瞬时破坏。试验能够继续平稳进行,从而试验测试出岩石达到强度极限后的应力—应变关系,获得岩石的全应力—应变曲线。压力试验机的构成如图 5-2 所示。

试验时,试件置于压力机的上下压力板之间,下压力板置于球座之上以保证试样的

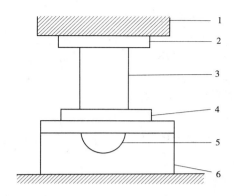

1—刚性压头;2—上压力板;3—试件;4—下压力板;5—球座;6—刚性基座

图 5-2　压力试验机的构成

中心受压,试件两端常涂以润滑油或垫以减阻膜,以减少试件与压力板间的摩擦。

试验时应控制加荷速度,直到试件破坏,记下最大荷载 P,试验岩石试件的强度为

$$f_r = \frac{P}{A} = \frac{4P}{\pi D^2} \tag{5-1}$$

式中　P ——试验最大荷载;

　　　D ——试件的直径。

对于一组的几个试件可以得出其平均值 u,然后计算标准差为

$$\sigma = \sqrt{\frac{\sum_{i=1}^{n} (f_{ri} - u)^2}{n - 1}} \tag{5-2}$$

即可得出单轴抗压强度的设计标准值为

$$f_{rk} = u - 1.645\sigma \tag{5-3}$$

5.2.2　应力与应变间的关系

应力与应变间的关系一般采用应力—应变曲线来表示。应变可分三种,即轴向应变 ε_a(试样沿压力方向长度的相对变化)、横向应变 ε_l(试样在垂直于压力的方向上长度的相对变化)和体应变 ε_v(试样体积的相对变化)。与此相应,也有三种不同的应力—应变曲线,即 $\sigma—\varepsilon_a$、$\sigma—\varepsilon_l$ 和 $\sigma—\varepsilon_v$,如图 5-3 所示。通常应用最广的是 $\sigma—\varepsilon_a$ 曲线。

岩石的应力—应变曲线的形状取决于岩石的矿物成分和结构特征,因而不同岩石,甚至相同岩石的不同试件,其应力—应变曲线的形状都会有不同程度的差异,而且在每条应力—应变曲线上,由于在不同应力区段中岩石的变形机制和变形速率不同,因而使曲线的曲率随应力区段而变化。根据对大量试验资料的归纳、分析和研究,发现自然界各类岩石的应力—应变关系仍有其基本共性。这种共性可用图 5-4 中的典型全应力—应变曲线表示。

在岩石典型的全应力—应变曲线上表现出曲线斜率的明显变化。根据其变化特点,可将岩石变形的整个过程划分为四个阶段:

(1)微裂隙闭合阶段(见图 5-4 中的 OA 段):这是岩石受力刚刚开始的阶段,压力水

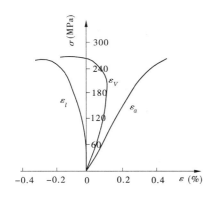

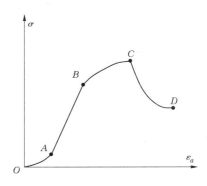

图 5-3　三种应力—应变曲线（压缩为正,扩胀为负）　　**图 5-4　岩石典型全应力—应变曲线**

平比较低,导致岩石表观上变形的是岩石内部承力能力最低的薄弱部分的变化,实际上这是岩石中原来存在的微裂隙闭合或被压紧,形成的早期非线性变形。此段 σ—ε 曲线呈上凹型,其斜率随应力增大而逐渐增加,表明微裂隙的变化开始很快,随压力增加而减缓。此阶段的曲线变形,以塑性变形为主,也包含少量的弹性变形。对于裂隙化岩石来讲,此阶段比较明显,而对于坚硬少裂隙的岩石则不明显,甚至有时很难划分出这个阶段。

（2）弹性变形至微破裂稳定发展阶段（见图 5-4 中的 AB 段）:在变形的这个阶段中,岩石中的微裂隙进一步闭合,孔隙被压缩,岩石母体受压而发生弹性变形,随着应力的增加开始产生新的裂隙。σ—ε 曲线在 AB 段呈直线形式,应力与应变成正比关系,随 σ 增大逐渐变为曲线关系。在 AB 段的变形以弹性为主,B 点相应的应力称为比例极限或弹性极限。在 B 点后的变形主要表现为因新裂隙产生而引起的塑性变形,当荷载保持不变时,微裂隙也停止发展,因此 B 点相应的应力亦称为屈服极限。

（3）裂隙稳定发展和破坏阶段（见图 5-4 中的 BC 段）:进入本阶段,微破裂的发展出现质的变化,由于微破裂所造成的应力集中效应显著,即使外荷载保持不变,破裂仍然会发展,并首先在某些薄弱部位产生破坏,应力重新分布,其结果又引起新的薄弱部位破坏,依次下去直至试件完全破坏。试件由体积压缩转为扩容,轴向应变与体积应变速率增大,试件的承载能力达到最大值。对于具有刚性联结的致密坚实岩石,此阶段的应变量甚小,而具有柔性联结的黏土岩,此阶段的应变量则很大。C 点相应的应力,称为峰值应力,在单轴应力情况下也称为岩石的单轴抗压强度。

（4）破坏后阶段（见图 5-4 的 CD 段）:岩石承载力达到峰值强度后,其内部结构完全破坏,但试件仍基本保持整体状。到本阶段,裂隙快速发展并形成宏观断裂面,岩石的变形主要表现为沿断裂面的滑移,试件的承载力随变形迅速下降,但并不降到零,说明破裂后的岩石仍具有一定的承载力,D 点相应的应力称为残余强度。这一阶段变形一般只能在刚性压力试验机上得到,在非刚性压力试验机上,由于试件破坏时试验机的变形能突然释放,无法测出试件破坏以后的应力和变形。

5.2.3　试件的破坏形态

岩石试件单轴受压时,由于受到多种因素的干扰,真实的破裂形式不太明确,常常观察到的是剪切破坏、锥形破坏和劈裂破坏,如图5-5所示。对试件破坏形态影响最大的是端面摩擦约束效应,对于比较坚硬的脆性岩石,当采取减少端面摩擦约束的措施时,出现纵向劈裂破坏。

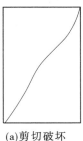　　　　　　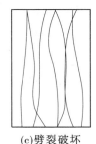

(a)剪切破坏　　　　　　　　　(b)锥形破坏　　　　　　　　　(c)劈裂破坏

图5-5　岩石在单轴压缩时的破坏形态

对单轴压缩时试件的破坏形式可以分为三类:

(1)由靠近试件表面中间平行于加载方向发生许多裂缝向端面扩张,并伸入试件中心而破裂,试样两端形成锥体状。这种破裂形式在端面存在约束时产生。

(2)平行于加载方向出现一条或多条主要裂纹,裂纹发展至试件两端形成劈裂破坏形式。这种破坏方式一般在端面摩擦约束消除后出现。

(3)沿单向倾斜方向剪切。这种破坏方式可能是由于承压板滚动或相对承压板之间的侧向移动引起的。

试验条件影响岩石试件的破坏方式,那么同一种岩石试件会出现不同的破坏方式就不足为奇了。根据已有试验资料分析,劈裂可以说是一般坚硬脆性岩石的固有破坏形式。

5.2.4　试件端面摩擦约束效应

试件的端部效应对试件的破坏方式有较大影响,究其原因,是由于端面摩擦约束效应影响了试件中的应力分布。当把单轴抗压强度 σ_c 作为一个强度准则应用时,就必须尽量排除外部因素对试件应力场的干扰,从而获得均匀的单向压应力场,以得到真实的岩石单轴抗压强度和破坏方式。试件端面效应主要表现为两个方面:①承压板变形对试件端面周边的约束。由于试验机承压板大于试件端面,加载时承压板因受力而变形,对试件的周边产生横向约束;同时承压板的变形还会改变对试件作用的纵向应力分布。②端面摩擦。试件发生横向变形时,承压板对试件端面产生摩擦力,从而影响试件的应力分布。

为减少、消除试件端面摩擦约束,人们做过多种尝试。由于通常承压板的刚度比试件大,端面效应主要是摩擦力的作用,可以用石墨、硫化钼以及其他一些固体润滑物减轻摩擦阻力,或在端面垫以纸、铅等延性材料,容许试件侧面膨胀时,应当注意润滑物侵入试件引起径向拉应力,促使试件产生劈裂的问题。可选用与试件端面相同、侧面膨胀相同(即泊松比 μ 和弹性模量 E 值相等)的金属块加于试件两端,以消除端面效应,那么在弹性阶段端部效应就不会出现。多数岩石都可找到适当的金属,这是一种十分巧妙而有效的方法。Hawkes 和 Mellor、Peng 都曾研究过减小或消除端部效应的问题。M. S. Paterson 把这些方法进行了归纳:在试件端面与承压板之间嵌放适宜的薄层材料,如二硫化铝;附加有滑石的硬酯酸、聚四氯乙烯、硬纸板、金属薄板。

在通常的单轴压缩试验中,端部效应总是很难完全消除。这样,试件中的应力分布就不是简单的压应力场。因而分析计算试件中的真实应力场,对于岩石破坏机理研究和获得更可靠准确的岩石单轴抗压强度都是十分必要的。

Hawkes 和 Mellor 进行了端部采用完全径向约束的单轴压缩试件内弹性应力分布的分析,计算结果如图 5-6 所示,图中等值线表示所受应力的相对强度,它是以带有闭合裂隙的修正的格林菲斯(Griffith)破坏准则求得的,阴影区为最强应力区。

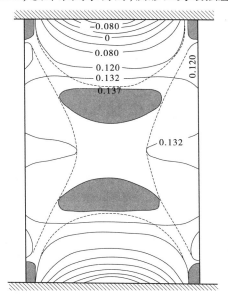

图 5-6   试件端部完全径向约束时的应力分布

5.2.5   影响岩石单轴试验强度的其他因素

5.2.5.1   试样尺度

岩石试件都用圆柱形,不像混凝土抗压强度试件用立方体。研究表明(Oberl,1946年),圆柱形试件的单轴受压强度与试件 D/L 的关系如下:

$$f = \frac{f_0}{0.778 + 0.222D/L} \tag{5-4}$$

式中 f_0 ——试件 $D/L = 1.0$ 时的抗压强度。

式(5-4)表明,随着 D/L 增加使得 f 变小。一般认为:当 $D/L = 2.0 \sim 3.0$ 时,试件中 1/3 段已能较真实地代表岩石的中心抗压性能。

5.2.5.2   含水状态

饱水状态的岩石试样抗压强度比干试件低得多。例如,Price, N. J. (1960 年)对几种砂岩的试验表明,砂岩的饱和强度仅为干强度的 54% ~80%。因此,工程岩石试件一定要充分地进行饱和处理,其结果才有价值。Colback 和 Wiid(1965)发现,在相对湿度为50% 条件下保存的试件,其试验结果比饱和试件要高 19% ~30%。岩石试件的强度还与孔隙水压有关,由于孔隙水压测量起来较困难,工程上用有效应力计算。就实用而言,宜以岩石的饱和强度为准。

5.2.5.3　岩样层状

取样的岩芯有明显的层面或节理时,试验结果要受到岩石各向异性的影响。当岩石的层状面与加荷方向成30°时得到的强度最低,而层面与加荷方向正交或平行时得到的强度最高。当层面与加荷方向为20°以内时得到的强度影响较小。

5.2.5.4　加荷速度的影响

一般说来,试验时加荷速度越快,得到岩石的强度也越高。普通试验的加载速度为100~1 000 kPa/s。要求更高的加荷速度就需要冲击加载(如 SHPB 分离式的霍普金森杆试验)或爆炸产生的应力波加载。

5.3　岩石单轴拉伸试验

岩石单轴抗拉强度 σ_t 是岩石的一个重要强度指标。对于节理密集的岩体,可以认为其拉伸强度为零。岩石工程中出现拉应力的情况较少,仅在层状岩体硐室的顶板下沿、圆形硐室的顶部、边坡的顶部等局部区域可能出现,而且在岩石工程中应尽量避免拉应力的出现。由于岩石的抗拉强度仅为抗压强度的1/32~1/6,所以岩石总是从拉应力区开始破坏。但是,在水压致裂、岩石钻凿、爆破等情况下,岩石的破坏都是由局部区域的拉力强度控制的。因此,岩石拉伸强度的室内试验仍然是不可少的基本试验。许多学者先后对岩石抗拉试验方法进行了大量的研究,试图找到一种既方便,且数据又可信的抗拉强度试验方法。岩石拉伸试验可分为直接拉伸试验和间接拉伸试验两种。

岩石的抗拉强度比抗压强度小得多,不少岩石的抗拉强度小于 2 MPa。在实际应用中,当缺乏实际试验资料时,常取岩石抗压强度的1/50~1/10。表5-1列出了几种典型岩石的抗拉强度,由表中所列资料可见,抗拉强度与岩性、拉力与弱面的相对方向以及弱面的软弱程度有关。

表 5-1　典型岩石的抗拉强度　　　　　　　　(单位:MPa)

岩石名称	拉力平行弱面	拉力倾斜弱面	拉力垂直弱面
绿泥石英片岩	7.68	2.40	1.64
石英绿泥石片岩	5.15	3.02	1.69
绿泥石云母片岩	4.43	2.82	3.47
砾状绿泥石片岩	4.08	3.47	1.07
石英片岩夹绿泥石片岩	5.02	1.23	0.49
变质辉绿岩		5.36	

注:1. 上表系根据长江水利科学研究院试验资料编制。
　　2. 表中数据系采用劈裂法对饱和水试件进行试验的结果。

5.3.1　岩石直接拉伸试验

应用直接拉伸的方法测定岩石单轴抗拉强度,其主要困难在于试件如何夹持和如何保证平行于试件轴向施加拉伸荷载。既要有足够的力夹牢试件,又不能损伤试件表面。如果加载方向不能与试件轴向严格平行,就会产生弯矩作用,使试件出现弯曲和应力集中。为克服上述困难,可以将岩石试件两端部用环氧树脂与钢板黏结,用柔性缆索施加荷载可以消除试件的偏心和弯曲的影响。这种方法,只要黏结强度大于岩石的抗拉强度即可采用。

　　岩石直接拉伸试验也可像金属拉伸试验那样加工成圆柱形试样。由于岩石是脆性材料,要将其加工成细长的圆柱体比较费工,且加工成品率低,要使夹具拉力轴线保持与试件轴线重合也非常困难,因此目前大多数用间接拉伸法测定岩石的抗拉强度。

5.3.2　岩石间接拉伸试验

　　间接测试方法主要有巴西(Brazilian)试验、点荷载试验、梁弯曲试验和空心圆柱扭转试验。图 5-7(a)、(b)、(c)、(d)分别表示这些试验的示意图。

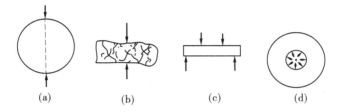

(a)　　　　　　(b)　　　　　　(c)　　　　　　(d)

图 5-7　间接拉伸试验类型

　　运用各种间接测试方法测定岩石的单轴抗拉强度,一般是根据弹性力学理论,求出试件内的应力分布,再由试验测定的极限载荷求岩石试件的极限应力作为岩石的抗拉强度,如巴西试验和水压致裂试验。弯曲法的应力计算中则进一步应用了材料力学中关于梁的弯曲变形的基本假设。这样,各种间接法都存在一定程度的应力集中、应力梯度、应力状态和局部破坏等问题。这些都是值得进一步探讨的课题。

5.3.2.1　巴西试验

　　巴西试验(即劈裂法)因简单易行,试验结果最接近直接法而获得广泛应用。为保证巴西试验的正确性,要求圆盘的破坏从试件中心开始,并沿加载方向发展,即破裂面平行于加载方向。巴西试验直接用钻孔的岩芯制作圆盘试件。直径 D 不小于 50 mm,厚度为 $D/2$,置于压力机的上下压力板间,对中施加压力荷载,其装置如图 5-8 所示。

　　在试件上下承压板之间各放置一根硬质钢丝作为垫条,上下垫条必须严格位于通过试件垂直的对称轴面内,使试件受力沿直径轴面方向发生裂开破坏,以求得抗拉强度。试验时,加荷速度不宜大,如 0.2 kN/s,使得试验时间为 15 ~ 30 s,试件才破坏,其破坏面应为直径向的竖向裂缝。记下破坏荷载 P 后,岩石的拉伸强度按式(5-5)计算:

$$\sigma_t = \frac{2P}{\pi Dt} \qquad (5\text{-}5)$$

式中　P ——试件破坏时的竖向荷载;

　　　　D ——圆板状试件的直径;

　　　　t——试件厚度。

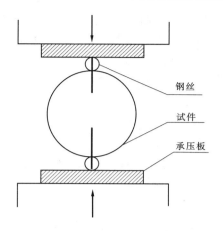

图5-8 巴西试验示意图

在巴西试验中,随加载速率提高,强度增大;试件尺寸增加,则强度降低。

5.3.2.2 点荷载试验

点荷载试验的试件可以是钻孔的岩芯或不规则的岩块,其试验结果常用在岩石分类中。图5-9表示三种点荷载的试件尺度关系,对于这几种尺度的试验结果应用P/D^2或$P/(DW)$计算其试验点荷载强度,然后进行试件尺度修正,修正时以$D=50$ mm为准。

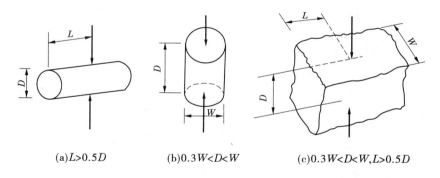

(a)$L>0.5D$ (b)$0.3W<D<W$ (c)$0.3W<D<W,L>0.5D$

图5-9 点荷载试验的尺度

经过修正后的试验结果用岩石点荷载强度指数I_{s50}表示,设修正系数为F,则

$$I_{s50} = F\frac{P}{D^2} \quad 或 \quad I_{s50} = F\frac{P}{DW} \tag{5-6}$$

对于修正系数,如果是一种岩石的试件,同样的尺寸,可取$F=(D/50)^{0.45}$,一般情况下,可描出$\lg P$—$\lg D^2$图线,然后找出$D=50$ mm的P值计算,这样可取$F=1.0$。

大量的试验结果表明,I_{s50}与岩石的单轴抗压强度f_r是密切相关的,$f_r=(15\sim20)I_{s50}$,而$I_{s50}=0.8\sigma_t$,即为拉伸强度的80%。

5.3.2.3 梁弯曲试验

梁弯曲试验是通过梁的弯曲受拉测得岩石的抗拉强度。将岩石制成矩形等截面杆(见图5-10),放在专门的支座上加载,在梁的下边缘产生拉伸应力而断裂。试件长100 mm,宽20 mm,高10 mm,用5 t万能材料试验机加载,其拉伸强度为

$$\sigma_{\mathrm{t}} = \frac{3Pc}{bh^2} \tag{5-7}$$

式中　c——荷载作用点至支承点的距离；

　　　h——试件高度；

　　　b——试件宽度。

应用梁弯曲试验测出的强度值过大，这是因为存在应力梯度和最大应力区过小造成的。

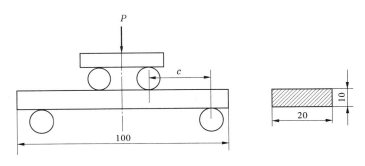

图 5-10　梁弯曲试验

5.4　岩石剪切试验

工程上所关心的岩石剪切强度有三种：岩石的抗剪断强度、抗切强度及岩石弱面的抗剪强度。这三种剪切强度试验的受力条件有所区别，其示意图如图 5-11 所示。

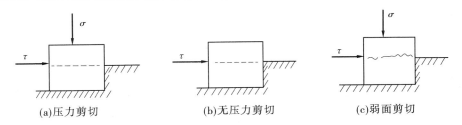

(a)压力剪切　　　　　　　(b)无压力剪切　　　　　　　(c)弱面剪切

图 5-11　岩石剪切试验

5.4.1　斜剪试验

室内岩石剪切强度试验，最常用的是确定岩石的抗剪断能力。一般用模形剪切仪，主要装置如图 5-12 所示。试验时把岩石试件置于楔形剪切仪中，并放在压力机上进行加压试验，则作用于剪切平面上的法向压力 N 与切向力 Q 可按下式计算：

$$\left.\begin{array}{l} N = P(\cos\alpha + f\sin\alpha) \\ Q = P(\sin\alpha - f\cos\alpha) \end{array}\right\} \tag{5-8}$$

式中　P——压力机施加的总压力；

　　　α——试件倾角；

f——圆柱形滚子与上下盘压板的摩擦系数。

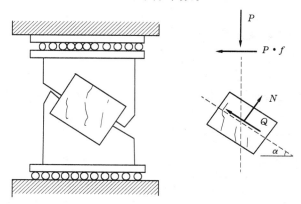

图 5-12　斜剪切试验装置示意图

以 N 和 Q 除以试件剪切面积 A，即可得到受剪面上的法向应力 σ 和剪应力 τ，试验得到试件受剪破坏时的荷载，即可用式(5-9)计算岩石的抗剪断强度：

$$\left. \begin{aligned} \sigma &= \frac{N}{A} = \frac{P}{A}(\cos\alpha + f\sin\alpha) \\ \tau &= \frac{Q}{A} = \frac{P}{A}(\sin\alpha - f\cos\alpha) \end{aligned} \right\} \tag{5-9}$$

改变 α 值(一般采用角度为 30° ~ 70°)进行不同试验，然后分别按式(5-9)求出相应的 σ 及 τ 值就可以作出 σ—τ 的关系曲线。岩石的抗剪断强度关系曲线是一条弧形曲线，如把它简化为直线形式，就可得到直线方程，从而获得岩石抗剪断强度参数。对每一个剪切角 α，要求做 3~5 次试验。

在三轴剪切仪研制成功之前，变角剪切试验是求算岩石 c 及 φ 的较好方法。

5.4.2　直剪试验

使用加工好的正方柱、圆柱或不规则岩样，将其放入剪切盒的固定部分与可动部分之间，每一部分均包含半个岩样(见图 5-13)。如果岩样与剪切盒之间留有空隙，则需用高强度水泥砂浆填满，以保证岩样均匀受力。首先施加一定的正压力 N，并保持 N 不变，然后施加剪切力 T，直到试件破坏。

直剪试验的装置叫作直剪仪，直剪仪可根据需要设计。

直剪试验时剪切面上的正应力及剪应力为

$$\sigma = \frac{N}{A} \tag{5-10}$$

$$\tau = \frac{T}{A} \tag{5-11}$$

式中　N、T——作用在试样上的法向力和切向力；

　　　A——试样的受剪面积。

直剪试验时的剪应力—剪切位移关系与岩石单轴受压时的应力变形关系相似，也有

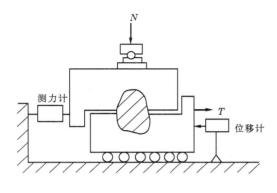

图 5-13　直剪试验

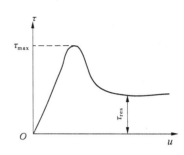

图 5-14　剪应力—剪切位移关系曲线

峰值剪切强度 τ_{max} 和残余剪切强度 τ_{res}（见图 5-14）。获得残余剪切强度较难，因为需要相当大的剪切位移。例如，对于坚硬灰岩，所需的剪切位移为 50 ~ 100 mm（岩样本身尺寸较大）。

　　直剪试验时，应保持正应力不变，以便求出 τ 与 u 的关系曲线（见图 5-14）。剪应力也应按式(5-12)计算：

$$\tau = \frac{T}{A(u)} \tag{5-12}$$

式中，面积 A 随位移 u 的变化可以由剪切面的几何形状求出。

　　按不同的正应力（不少于 5 种）试验以获得多组（σ，τ_{max}）、（σ，τ_{res}）的值，用这些数值便可作 σ—τ 强度包络线。

5.5　岩石三轴试验

5.5.1　三轴试验类型

　　岩石三轴试验主要是轴对称三轴试验（或叫围压三轴试验）和立方体真三轴试验两种。其试件的受力状态如图 5-15 所示，工程上最常用的是轴对称三轴试验，真三轴试验仅在科研或特殊场合需要。

　　早在 1911 年凯尔曼(Th. Von. Karman)就研制了一种三向压力设备，并用圆柱状岩石试件进行三向压缩试验。这种试验设备使圆柱试件周边受到均匀压应力（$\sigma_2 = \sigma_3$），而轴向则用普通材料试验机加载。因此，岩石试件内的三个主应力 $\sigma_1 \neq \sigma_2 = \sigma_3$。几十年来，许多国家根据这一原则研制了三向应力试验机，促使岩石三向应力试验得到广泛的发展，并习惯地将这种类型的试验机称为 Karman 型三轴仪。由于圆柱形试件试验方法比较简单，试件便于加工，试件内应力分布比较均匀等，因此 Karman 型三轴仪一直广为流行。

　　我国三向应力试验始于 1959 年，到 1964 年研制了国产长江 － 500 型三向应力试验机，此后各部门开展了岩石三向压缩试验研究，到现在已经有近 60 年的历史。

　　围压三轴试验机也是岩土工程中最常用的一种常规试验,它与单轴试验不同之处是对试件施加轴向压力 σ_1 的同时,在圆柱体试件的整个周边面还施加环向压力,即围压 $\sigma_2 = \sigma_3$。环向压力是通过压力室内的液压施加的。围压三轴试验设备压力室的结构如图 5-16 所示,图中 A 为球座,B 为上下端帽,C 为岩石试件,D 为液压室油门,E 为试件上的应变片,F 为合成胶密封。试验时,将围压三轴压力室置于刚性试验机框架内。通过试验机架施加轴向应力 σ_1,液压系统施加环向应力 $\sigma_2 = \sigma_3$,整个试验过程完全是由计算机控制的。可以是应变控制或应力控制,得到的是试件的强度、变形、孔隙水压等试验结果。

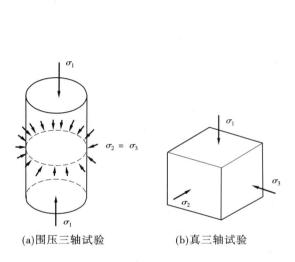

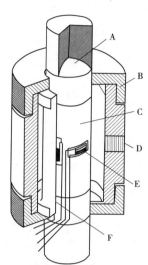

图 5-15　三轴试验　　　　　　　图 5-16　三轴试验设备压力室

　　要获得围压三轴试验的工程成果,至少应有 5 个试件,每个试件施加不同的围压,围压的波动应控制 2% 以内,得到轴压的峰值后可以给出破坏时的 σ_1—σ_2 图线。围压三轴试验不可能获得岩石试件的残余强度,因为岩石有一个较稳定的残余强度时,试件剪切位移一般要达到几十毫米,而在试验时岩石达到峰值强度后即产生剪切破坏难以稳定较大的剪切位移。

　　此外,在试验中应避免岩石试验表面的保护膜发生破坏,否则可能使试件的岩屑抛入液压油内。因此,围压三轴试验时要控制好轴向位移,一旦轴向力达到峰值时就应卸荷,并且应控制好压头的位移,使之不发生保护膜的破坏。

　　同时,为了模拟无拉应力作用的任意自然岩体的应力状态,要求能在三个主应力均不相等($\sigma_1 \neq \sigma_2 \neq \sigma_3 \geqslant 0$)的条件下试验,用以测定岩石的强度和变形特征,从而发展了岩石真三轴压缩试验系统。早在 1964 年,德国的布赫海姆(Buchheim)等设计,由莱比锡材料试验机厂试制成功世界第一台真三轴压力试验机,最大轴力 600 t,两个互相垂直、独立可调的侧向最大压力为 300 t,最大试件为 20 cm×20 cm×20 cm。此后,日本、美国等国家都相继研制成功类似的试验机,开始了三向不等压压缩试验研究。目前,岩石真三轴压缩试验系统主要用于岩石本构理论的研究。

5.5.2　岩石三轴试验步骤

围压三轴压缩强度试验的目的是测定不同侧压条件下岩石的强度,并绘制岩石强度包络线,求算岩石的黏聚力 c 和内摩擦角 φ 及各种参数之间的关系。这是工程上最常用的试验。

首先根据工程条件选择侧压等级,一般至少为 5 级,每一级至少 3 个样品,总计 15 个样品。可按等差级数选择侧压数值,例如 $\sigma_3 = 0,30,60,90,120,150$ MPa,也可以按等比级数选取侧压数值,例如取 $\sigma_3 = 0,5,10,20,40,80$ MPa,在保持侧压不变的条件下施加轴向荷载,直至试件破坏。对每一组试样求平均强度 σ_c,然后绘制 σ_c 与 σ_3 的关系曲线(见图 5-17)及强度包络图(见图 5-18)。

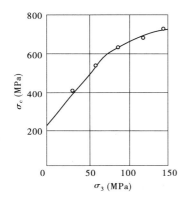

图 5-17　致密砂岩强度与侧向应力的关系

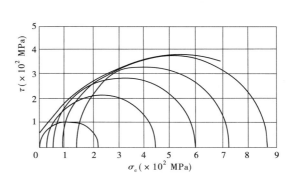

图 5-18　砂岩强度包络图

本章小结

本章首先介绍了岩石变形的概念,包括弹性、塑性、脆性等变形体的几个重要力学概念,而后对常规的几个岩石力学试验进行了阐述,包括岩石单轴压缩试验、单轴拉伸试验、剪切试验、三轴试验等,对上述常规岩石力学试验的试验原理、试验方法、试验设备及试验影响因素进行了介绍。

思考题

1. 试分析影响岩石单轴及三轴试验强度的因素有哪些?
2. 单轴试验岩石的破坏形式有几种? 各有何特点?
3. 岩石拉伸试验方法有哪些? 比较直接拉伸法和劈裂法的异同点。
4. 试用 Mohr 应力圆将单轴试验、三轴试验表示出来。
5. 通过三轴试验可以求得哪些力学参数?

第 6 章　岩石力学数值分析

　　岩石不仅仅是一般材料,更是一种地质结构体,岩石具有非均质、非连续、非线性以及复杂的加载条件、卸载条件和边界条件,这使得岩石力学问题通常无法用解析方法简单地求解。相比之下,数值法具有较广泛的适用性,它不仅能模拟岩石的复杂力学与结构特性,也可很方便地分析各种边值问题和施工过程,并对工程进行预测和预报。因此,岩石力学数值分析方法是解决岩土工程问题的有效工具之一。

　　岩石介质不同于金属材料,在数值计算方面具有其独特的特点:

　　(1)岩石介质是赋存于地壳中的各向异性天然介质。

　　(2)岩石介质被众多的节理、裂缝等弱面所切割而呈现高度的非均质性,而其物理、化学及力学性质具有随机性特点。

　　(3)岩石介质赋存时以受压为主,而且抗压强度远大于抗拉强度。

　　(4)岩石力学与工程问题在时空分布上较广,从本质上讲都是三维问题。

　　(5)岩石工程一般无法进行原型试验,而实验室测得的数据不能直接应用于工程设计和计算。

　　(6)岩石力学与工程具有数据有限问题。

　　数值分析方法是随着计算机技术发展而形成的一种计算分析方法,已有多种岩土工程数值分析方法。20 世纪 60 年代后逐步发展的数值分析方法主要有有限元法(Finite Element Method,FEM),有限差分法(Finite Different Method,FDM),边界元法(Boundary Element Method,BEM),离散元法(Discrete Distinct Element Method,DEM),非连续变形分析法(Discrete Deformation Analysis,DDA),流形元法(Numerical Manifold Method,NMM)等。此外,随着人们对提高数值计算精度的期望以及现场测试水平和计算技术的提高,岩土参数反演分析法(Inverse Analysis Method,IAM)或反分析法(Back Analysis Method,BAM)也同时得到了充分重视和发展。有理由相信,不但现有的方法将会进一步完善,而且有可能产生各种新的数值方法,如复合问题多变量的耦合方法。

6.1　岩石力学有限元法

　　有限元法基于最小总势能变分原理,能方便地处理各种非线性问题,能灵活地模拟岩土工程中复杂的施工过程,是目前已广为应用的岩土工程与结构分析的有力工具,该法是把一个实际的结构物或连续体用一种由多个彼此相联系的单元体所组成的近似等价物理模型来代替。通过结构及连续体力学的基本原理及单元的物理特性建立起表征力和位移关系的方程组,解方程组求其基本未知物理量,并由此求得各单元的应力、应变以及其他辅助量值。有限元法按其所选未知量的类型,即以节点位移作为基本未知量,或以节点力作为基本未知量,或二者皆有,可分为位移型的、平衡型的和混合型的有限元法。由于位移型有限元法在计算机上更易实现复杂问题的系统化,且便于电算求解,更易推广到非线性和动力效应等其他方面,所以位移型有限元法比其他类型有限元法应用更为广泛。因此,本节以平面三节点三角形单元为例,简单介绍位移型有限元法的基本方程。

6.1.1　有限元法的基本方程

6.1.1.1　单元位移函数及插值函数

如图 6-1 所示的典型三节点三角形单元,其三个节点的总体编号为 i,j,k。为了使推导出的计算公式具有一般性,现引入节点的局部编号为 1,2,3。在总体坐标系中,各节点的位置坐标分别是 (x_1,y_1),(x_2,y_2) 和 (x_3,y_3),规定在节点 1 处沿 x 轴方向的位移分量是 u_1,沿 y 轴方向的位移分量是 v_1,同理,节点 2 的位移分量是 u_2,v_2,节点 3 的位移分量是 u_3,v_3。

图 6-1　三角形单元

根据单元位移模式应具有完备性和协调性的要求,即要求单元的位移函数必须能够满足刚体位移和常应变状态。在单元内部及相邻单元的边界上位移必须连续,作为三节点三角形单元的近似位移函数 $u(x,y)$,$v(x,y)$ 可写为

$$\left.\begin{array}{l} u(x,y) = a_1 + a_2 x + a_3 y \\ v(x,y) = a_4 + a_5 x + a_6 y \end{array}\right\} \tag{6-1}$$

将三个节点的坐标值和位移值代入式(6-1),得到 6 个方程,联立求解获得系数 a_1,a_2,a_3,a_4,a_5,a_6,将它们代入式(6-1)得到

$$\left.\begin{array}{l} u(x,y) = N_1(x,y)u_1 + N_2(x,y)u_2 + N_3(x,y)u_3 \\ v(x,y) = N_1(x,y)v_1 + N_2(x,y)v_2 + N_3(x,y)v_3 \end{array}\right\} \tag{6-2}$$

或写为

$$\begin{pmatrix} u(x,y) \\ v(x,y) \end{pmatrix} = [N]\{\delta\} \tag{6-3}$$

式中　$\{\delta\}$——单元节点位移列阵,$\{\delta\} = [\begin{array}{cccccc} u_1 & v_1 & u_2 & v_2 & u_3 & v_3 \end{array}]^{\mathrm{T}}$;

$[N]$——形状函数矩阵,$[N] = \begin{pmatrix} N_1 & 0 & N_2 & 0 & N_3 & 0 \\ 0 & N_1 & 0 & N_2 & 0 & N_3 \end{pmatrix}$,其中

$$N_i(x,y) = \frac{a_i + b_i x + c_i y}{2\Delta} (i = 1,2,3) \tag{6-4}$$

为形状函数或插值函数,具有如下两个特性:

(1)$N_i(x,y)$ 在 i 节点处的值为 1,在 j 节点处的值为 0,即

$$\left.\begin{array}{l} N_i(x_i,y_i) = 1,i = 1,2,3 \\ N_j(x_j,y_j) = 0,j = 1,2,3 \end{array}\right\} \quad (j \neq i) \tag{6-5}$$

(2)全部形状函数之和等于 1,即

$$\sum_{i=1}^{3} N_i(x,y) = 1 \tag{6-6}$$

系数 a_i,b_i,c_i 分别为

$$a_i = x_j y_m - x_m y_j, a_j = x_m y_i - x_i y_m, a_m = x_i y_j - x_j y_i$$
$$b_i = y_j - y_m, b_j = y_m - y_i, b_m = y_i - y_j \qquad\qquad (6\text{-}7)$$
$$c_i = x_m - x_j, c_j = x_i - x_m, c_m = x_j - x_i$$

Δ 是三角形单元的面积,即

$$\Delta = \frac{1}{2} \begin{vmatrix} 1 & x_1 & y_1 \\ 1 & x_2 & y_2 \\ 1 & x_3 & y_3 \end{vmatrix} \qquad\qquad\qquad (6\text{-}8)$$

$$= \frac{1}{2}(x_1 y_2 + x_2 y_3 + x_3 y_1) - \frac{1}{2}(x_2 y_1 + x_3 y_2 + x_1 y_3)$$

6.1.1.2　单元应变矩阵和单元应力矩阵

确定了单元位移函数后,可以很方便地利用几何方程和物理方程求得单元应变和应力。根据几何方程,单元应变为

$$\{\varepsilon\} = \begin{Bmatrix} \varepsilon_x \\ \varepsilon_y \\ \gamma_{xy} \end{Bmatrix} = \begin{pmatrix} \dfrac{\partial}{\partial x} & 0 \\ 0 & \dfrac{\partial}{\partial y} \\ \dfrac{\partial}{\partial y} & \dfrac{\partial}{\partial x} \end{pmatrix} \begin{Bmatrix} u \\ v \end{Bmatrix} = (L)(N)\{\delta\} \qquad (6\text{-}9)$$

记　　　　　　　　　　　　　$(B) = (L)(N)$

则　　　　　　　　　　　　　$\{\varepsilon\} = (B)\{\delta\} \qquad\qquad\qquad (6\text{-}10)$

式中,(B) 称为单位应变矩阵,即几何矩阵,(B) 可写为分块形式,即

$$(B) = \begin{pmatrix} \dfrac{\partial N_1}{\partial x} & 0 & \dfrac{\partial N_2}{\partial x} & 0 & \dfrac{\partial N_3}{\partial x} & 0 \\ 0 & \dfrac{\partial N_1}{\partial y} & 0 & \dfrac{\partial N_2}{\partial y} & 0 & \dfrac{\partial N_3}{\partial y} \\ \dfrac{\partial N_1}{\partial y} & \dfrac{\partial N_1}{\partial x} & \dfrac{\partial N_2}{\partial y} & \dfrac{\partial N_2}{\partial x} & \dfrac{\partial N_3}{\partial y} & \dfrac{\partial N_3}{\partial x} \end{pmatrix} = (B_1 \quad B_2 \quad B_3) \qquad (6\text{-}11)$$

式中　　　　$B_i = \begin{pmatrix} \dfrac{\partial N_i}{\partial x} & 0 \\ 0 & \dfrac{\partial N_i}{\partial y} \\ \dfrac{\partial N_i}{\partial y} & \dfrac{\partial N_i}{\partial x} \end{pmatrix} = \dfrac{1}{2\Delta} \begin{pmatrix} b_i & 0 \\ 0 & c_i \\ c_i & b_i \end{pmatrix} \quad (i = 1,2,3) \qquad (6\text{-}12)$

为一常数矩阵。

由 $\{\varepsilon\} = (B)\{\delta\}$ 可知,三角形平面单元内应变列阵是常数列阵,通常称三角形单元是常应变单元。由此可见,用该单元分析问题时,若在该问题应变梯度较大(也即应力梯度较大)的部位,单元划分应适当加密;否则,将不能反映应变的真实变化而导致较大的误差。

将式(6-10)及式(6-11)代入物理方程,可得单元应力为

$$\{\sigma\} = \begin{Bmatrix} \sigma_x \\ \sigma_y \\ \sigma_{xy} \end{Bmatrix} = [D]\{\varepsilon\} = [D](B)\{\delta\} = [S]\{\delta\} \tag{6-13}$$

式中
$$[S] = [D](B) = [D](B_1 \quad B_2 \quad B_3) = [S_1 \quad S_2 \quad S_3] \tag{6-14}$$

称为应力矩阵,其中[D]为弹性矩阵;[S_i]的分块矩阵可表示为

$$[S_i] = [D](B_i) = \frac{E_0}{2(1-\mu_0^2)\Delta} \begin{pmatrix} b_i & \mu_0 c_i \\ \mu_0 b_i & c_i \\ \dfrac{1-\mu_0}{2} c_i & \dfrac{1-\mu_0}{2} b_i \end{pmatrix} \tag{6-15}$$

式中　E_0, μ_0——材料常数。

对于平面应力问题 $\qquad E_0 = E, \quad \mu_0 = \mu \tag{6-16}$

对于平面应变问题 $\qquad E_0 = \dfrac{E}{1-\mu^2}, \quad \mu_0 = \dfrac{\mu}{1-\mu} \tag{6-17}$

与几何矩阵(B)相同,应力矩阵[S]也是常数矩阵,即单元中各点的应力是相同的。

6.1.1.3　单元刚度方程及总体刚度方程

设岩土体或结构物发生虚位移,单元节点的虚位移为$\{\delta^*\}$,相应的虚应变为$\{\varepsilon^*\}$,则根据虚功原理有

$$\iint_{A_n} \{\delta^*\}^T [N]^T [\overline{F}] t \mathrm{d}A + \int_{\partial A_\sigma} \{\delta^*\}^T [N]^T [\overline{P}] t \mathrm{d}s = \iint_{A_n} \{\delta^*\}^T \{\sigma\} t \mathrm{d}A \tag{6-18}$$

式中　A_n——单元 n 的面积;

t——单元厚度。

左边第一项积分是体力在虚位移上所做的虚功,第二项积分是面力在虚位移上所做的虚功,如果计算单元 n 不是边界单元或在边界上没有面力的作用,则第二项积分为零。

将式(6-18)化简,得

$$\{\delta^*\}^T \{F\} = \{\delta^*\}^T \Big(\iint_{A_n} [B]^T [D][B] t \mathrm{d}A \Big) \{\delta\} = \{\delta^*\}^T [K]\{\delta\} \tag{6-19}$$

式中 $\qquad [K] = \iint_{A_n} [B]^T [D][B] t \mathrm{d}A = [B]^T [D][B] t\Delta \tag{6-20}$

称为单元刚度矩阵。

由于$\{\delta^*\}$的任意性,等式两边与其相乘的矩阵相等,则有

$$\{F\} = [K]\{\delta\} \tag{6-21}$$

设弹性体剖分成 n 个单元,总应变能等于各单元应变能之和;总外力虚功应等于单元外力虚功之和。根据虚功方程

$$\sum_{i=1}^{n} (\{\delta^*\}^T \{F\}) = \sum_{i=1}^{n} (\{\delta^*\}^T [K]\{\delta\}) \tag{6-22}$$

改写式(6-22),并令等式两边与虚位移相乘的矩阵相等,得到

$$[K]\{U\} = \{P\} \tag{6-23}$$

式中　$\{U\}$——总体位移列阵,$\{U\} = [u_1 \quad v_1 \quad u_2 \quad v_2 \quad \cdots \quad u_{n2} \quad v_{n2}]$;

$[K]$——总体刚度矩阵,由各单元的单元刚度矩阵$[k]$组装而成;

$\{P\}$——总体荷载列阵,由各单元的节点荷载列阵组装而成;

n_2——结点总数。

式(6-23)称为总体刚度方程。引入边界约束条件对总体刚度方程进行修正后,求解得到总体位移列阵$\{U\}$,然后由几何方程和本构关系计算各单元的应变和应力分量。

6.1.1.4 等参数单元分析

以上以三角形单元为例,给出了有限元法基本方程的建立过程。对于平面任意四边形单元,节点位移列阵$\{\delta\}$可表示为

$$\{\delta\} = [u_1 \quad v_1 \quad u_2 \quad v_2 \quad \cdots \quad u_m \quad v_m]^{\mathrm{T}} \tag{6-24}$$

式中 u_i, v_i——单元体的第i个节点的两个位移分量。

如前所述,单元体内的位移向量可表示为式(6-3)的形式,而插值函数$[N]$可以表示为

$$[N] = \begin{pmatrix} N_1 & 0 & N_2 & 0 & \cdots & N_m & 0 \\ 0 & N_1 & 0 & N_2 & \cdots & 0 & N_m \end{pmatrix} \tag{6-25}$$

对于不同的单元类型具有不同的插值函数。平面四边形4节点等参单元的形状如图6-2所示,其形状函数为

$$\left. \begin{aligned} N_1 &= \frac{1}{4}(1-\xi)(1-\eta) \\ N_2 &= \frac{1}{4}(1+\xi)(1-\eta) \\ N_3 &= \frac{1}{4}(1+\xi)(1+\eta) \\ N_4 &= \frac{1}{4}(1-\xi)(1+\eta) \end{aligned} \right\} \tag{6-26}$$

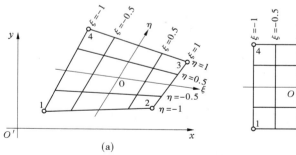 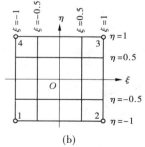

图6-2 平面四边形4节点等参单元

根据几何关系,可将单元应变表示为

$$\{\varepsilon\} = (B)\{\delta\} = (B_1 \quad B_2 \quad \cdots \quad B_m)\{\delta\} \tag{6-27}$$

式中
$$(B_i) = \begin{pmatrix} \dfrac{\partial N_i}{\partial x} & 0 \\[2mm] 0 & \dfrac{\partial N_i}{\partial y} \\[2mm] \dfrac{\partial N_i}{\partial y} & \dfrac{\partial N_i}{\partial x} \end{pmatrix} \quad (i = 1,2,\cdots,m) \tag{6-28}$$

在采用如图 6-2 所示自然坐标系时,(B_i) 中各元素可由对 ξ—η 坐标系的坐标求导得出,即

$$\left\{ \begin{matrix} \dfrac{\partial N_i}{\partial x} \\[2mm] \dfrac{\partial N_i}{\partial y} \end{matrix} \right\} = [J]^{-1} \left\{ \begin{matrix} \dfrac{\partial N_i}{\partial \xi} \\[2mm] \dfrac{\partial N_i}{\partial \eta} \end{matrix} \right\} \tag{6-29}$$

$$[J]^{-1} = \frac{1}{\det J} \left\{ \begin{matrix} \dfrac{\partial y}{\partial \eta} & -\dfrac{\partial y}{\partial \xi} \\[2mm] -\dfrac{\partial x}{\partial \eta} & \dfrac{\partial x}{\partial \xi} \end{matrix} \right\} \tag{6-30}$$

$$\det J = \frac{\partial x}{\partial \xi}\frac{\partial y}{\partial \eta} - \frac{\partial y}{\partial \xi}\frac{\partial x}{\partial \eta} = \sum_{i=1}^{m}\frac{\partial N_i}{\partial \xi}x_i \cdot \sum_{i=1}^{m}\frac{\partial N_i}{\partial \eta}y_i - \sum_{i=1}^{m}\frac{\partial N_i}{\partial \xi}y_i \cdot \sum_{i=1}^{m}\frac{\partial N_i}{\partial \eta}x_i \tag{6-31}$$

式中,$[J]$——雅可比矩阵;$x = \sum_{i=1}^{m}N_i(\xi,\eta)x_i$;$y = \sum_{i=1}^{m}N_i(\xi,\eta)y_i$。

由以上公式,根据虚位移原理可得到四边形有限单元法的基本方程,其中单元的刚度矩阵为

$$\begin{aligned} [k] &= \iint_{A_n} [B]^{\mathrm{T}}[D][B]t\mathrm{d}A \\ &= \int_{-1}^{1}\int_{-1}^{1}[B]^{\mathrm{T}}[D][B]t\det J\mathrm{d}\xi\mathrm{d}\eta \\ &= \sum_{l=1}^{m}\sum_{p=1}^{m}([B]_i^{\mathrm{T}}[D][B]_i t\det J)_{lp}W_l W_p \end{aligned} \tag{6-32}$$

式中　W_l、W_p——高斯积分中的加权因子;

　　　m——高斯积分点数。

由以上分析可知,基本方程的建立与三角形单元基本方程建立的过程完全相同,所不同的是,形状函数的获取是在自然坐标系中对母单元依据形状函数的两个特性建立,在建立各种公式的过程中,注意自然坐标系与笛卡儿坐标系之间的相互关系和导数关系。同时,单元刚度矩阵形成时一般要进行数值积分。

6.1.2　有限元法求解岩石力学问题的步骤

(1)确定计算模型。根据对称性、材料性质和所关心部位的边界尺寸等确定计算模型。例如,对于一圆拱型隧道,若其受力、几何形状及材料性质均对称于 y 轴,则可取其 1/2 作为研究对象,而外边界可根据隧道的跨度和高度确定。通常,外边界左右取跨度的 3~5 倍,上下取高度的 3~5 倍。在所取范围之外可认为不受开挖等施工因素的影响,即

在这些边界处可忽略开挖等施工所引起的应力和位移。同时,保证模型不出现刚体位移及转动。

选择计算参数的途径有三种:一是根据试验确定。实验室确定的参数不能直接采用,通常需进行折减,这是因为实验室试验一般确定的是岩块的力学参数,而数值计算需要的则是岩体的力学参数。大量的研究资料表明:岩体的力学参数应是岩块的力学参数的 $1/20 \sim 1/2$。二是现场试验和实测参数。这些由现场所获得的参数一般也需进行数学上的处理之后才可使用。三是利用量测位移进行反分析确定。

(2)划分单元。根据上面所确定的模型,在比较规则的区域划分四边形单元,在复杂区域可选择任意四边形单元和三角形单元。划分时不能出现同一单元跨过两种材料,避免出现钝角。对于断层、节理,应划分为岩体的"节理单元",应力集中的区域和重点研究的区域单元应加密。

(3)选择位移函数。根据单元类型选择对应的位移插值函数,相同类型单元取同一插值函数。

(4)建立单元刚度矩阵,并进行坐标转换。

(5)形成总体刚度矩阵。

(6)荷载等效移置,确定节点力列阵。

(7)列出有限元基本方程,并根据已知位移对方程进行修正。

(8)求解总体方程,可获得节点位移。

(9)利用几何关系和物理方程计算单元的应变和应力。

(10)绘制计算结果图,以便直观了解分析结果,给出定量的评价。利用有限元法计算结果画出破坏区(塑性区)、应力和位移等值线、应力场和位移场矢量图,及所需要某一截面的应力分布曲线和位移分布曲线等。

目前,已有不少大型岩土力学有限元通用程序,如 ANSYS、MARC、GEO – SLOPE、ADINA 等。若有条件能用通用程序计算分析岩土力学与工程问题,则只需了解通用程序的使用说明和前述第(1)、(2)步,其余步骤均由通用程序自动完成。

6.2　岩石力学边界元法

边界元法是在 20 世纪 60 年代发展起来的求解边值问题的一种数值方法。它是把边值问题归结为求解边界积分方程问题,在边界上划分单元,求边界积分方程的数值解,进而可求出区域内任意点的场变量,故又称为边界积分方程法。由于它与有限元法相比,具有降低维数(将三维问题降为二维问题,将二维问题降为一维问题)、输入数据准确简单、计算工作量少,精度较高等优点,故已在许多领域内得到了具体应用,尤其是对均质或等效均质围岩的地下工程问题的分析更为方便。但其不足之处是对于非连续多介质、非线性问题,不如有限元法灵活、有效。

边界元法有直接法和间接法两种,直接边界元法是以互等功原理为基础建立起来的,而间接边界元法则是以叠加原理为基础建立起来的。直接边界元法的基本方程:考虑同一结构在两种不同荷载情况下的弹性变形状态,第一种情况下的边界力、体力与位移场分

别为 t^*,b^*,u^*,第二种情况下的边界力、体力与位移场分别为 t,b,u。根据功的互等定理,第一种状态的力在第二种状态的相应位移上所做的功,等于第二种状态的力在第一种状态的相应位移上所做的功。间接边界元法基本方程包含不连续应力法(即虚荷载法)和不连续位移法。

岩土力学与工程问题大多为无限域问题,若研究区域可假设为均匀介质,则用边界元法求解具有很多优点。对于常量边界单元直接法求解步骤为:

(1)在所求解问题的边界划分边界单元,不考虑无穷远处的边界。平面问题划分为线单元,空间问题划分为面单元(平面或曲面)。

(2)将各单元的原岩应力反向作用于该单元上。

(3)用边界元法基本方程式求解各边界单元上的作用力及位移,所得位移为边界点的真实位移。

(4)内点应力与位移求解。根据开尔文基本解和功的互等定理,列出物体内任意点的位移与边界点的功的互等式。按照与基本方程导出过程相同的过程可建立基本方程,由此可求出待求点的应力与位移,所得位移即为实际位移,而所得应力与原岩应力叠加后即可得真实应力。

对于多介质和含有不连续面的问题,划分单元时,不仅要将实际边界划分为边界单元,还需要把介质界面和不连续面也划分为边界单元;对于有限域问题,需将内、外边界全部划分为边界单元,且内、外边界划分单元的转向相反。

6.3　岩石力学有限差分法

有限差分法是求解给定初值和(或)边值问题的较早的数值方法之一。随着计算机技术的飞速发展,有限差分法以其独特的计算格式和计算流程,显示出了该方法的优势与特点。有限差分法的主要思想是将待解决问题的基本方程组和边界条件(一般均为微分方程),近似地改用差分方程(代数方程)来表示,即用有一定规则的空间离散点处的场变量(应力、位移)的代数表达式代替。这些变量在单元内是非确定的,从而把求解微分方程的问题转化成求解代数方程的问题。FLAC 程序是岩石力学有限差分法的代表。

FLAC 是为岩土工程应用而开发的连续介质显式有限差分计算机软件,主要适用于模拟计算岩土类工程地质材料的力学行为,特别是岩土材料达到屈服极限后产生的塑性流动。材料通过单元和区域表示,根据研究对象的形状构成相应的网络结构。每个单元在外载和边界约束条件作用下,按照约定的线性和非线性应力—应变关系产生力学响应,FLAC 软件建立在拉格朗日算法基础上,特别适用于模拟材料的大变形和扭曲转动。FLAC 程序中设有多种本构模型,可模拟地质材料的高度非线性(包括应变软化和硬化)、不可逆剪切破坏和压密、黏弹性(蠕变)、孔隙介质的流固耦合、热力耦合,以及动力学行为等。另外,程序还设有边界单元,可以模拟断层、节理和摩擦边界的滑动、张开和闭合行为。支护结构,如衬砌、锚杆、可缩性支架或板壳等与围岩的相互作用也可以在 FLAC 程序中进行模拟。同时,用户可根据需要在 FLAC 中创建自己的本构模型,进行各种特殊的修正和补充。

FLAC 程序具有强大的后处理功能,用户可以直接在屏幕上绘制或以文件形式创建和输出多种形式的图形,使用者还可以根据需要,将若干个变量合并在同一幅图形中进行研究分析。

由于 FLAC 程序主要是为地质工程应用而开发的岩石力学数值计算程序,程序包括反映地质材料力学效应的特殊要求。FLAC 设计有 7 种材料本构模型:

(1)各向同性弹性材料模型。

(2)横观各向同性弹性材料模型。

(3)Coulomb – Mohr 弹塑性材料模型。

(4)应变软化、硬化塑性材料模型。

(5)双屈服塑性材料模型。

(6)节理材料模型。

(7)空单元模型,可用来模拟地下开挖和煤层开采。

FLAC 程序采用的是快速拉格朗日方法,基于显式差分来获得模型的全部运动方程(包括内变量)的时间步长解。程序将计算模型划分为数千个不同形状的三维单元,单元之间用节点相互连接。对某一个节点施加荷载之后,该节点的运动方程可以写成时间步长的有限差分形式。在某一个微小的时间内,作用于该点的荷载只对周围的若干节点(相邻节点)有影响,根据单元节点的速度变化和时间,程序可求出单元之间的相对位移,进而可以求出单元应变。根据单元材料的本构方程可求出单元应力。随着时间的推移,这一过程将扩展到整个计算范围,直到边界。这样程序可以追踪模型从渐进破坏直至整体破坏的全过程。

FLAC 程序将计算单元之间的不平衡力,并将此不平衡力重新加到各节点上,再进行下一步的迭代运算,直到不平衡力足够小或者各节点的位移趋于平衡。

FLAC 虽然具有动力方程,但模拟系统实质上是静止的,这使得 FLAC 不需要数值上卸载就可以遵循物理的失稳过程。FLAC 采用显示表达方式,对于任意非线性应力—应变关系计算所用的时间和线性关系基本一致,而且它并不需要存储任何矩阵,这就意味着计算机一般的内存就可以计算大量的单元,而且大变形计算所花费的计算和小变形基本一样,因为它没有刚度矩阵。

FLAC 的不足之处:用 FLAC 计算线性问题比同样的有限元要慢,FLAC 对非线性、大变形问题及岩土物理失稳的计算更有效;FLAC 的计算时间由模拟系统最长固有周期和最短固有周期之比确定,对于一些特定的模型,如弹性模量和单元尺寸变异较大的模型,计算效率非常低。

6.4 岩石力学离散元法

有限元法、边界元法、有限差分法都是基于连续介质力学的数值计算方法,它们都要求计算对象满足变形的连续性条件。但工程岩体往往被节理和结构面切割成明显的节理岩体,具有明显的不连续性,用连续介质力学的数值计算方法难以处理。针对不连续岩体的变形和运动的求解,Cundall 于 1971 年提出了一种新的数值计算方法——离散元法

(Distinct Element Method,DEM),并用汇编语言编制了计算程序。1978 年 Cundall 又将最初的汇编语言全部翻译成 FORTRAN 文本,形成离散元的基本程序。到 1985 年,他们完成了目前广泛采用的离散元数值分析程序 UDEC(Universal Distinct Element Code)。离散元法由东北大学王泳嘉教授等于 20 世纪 80 年代中期介绍到我国,发展十分迅速,目前在矿业、铁道及水利等行业已被广泛应用。

离散元法特别适用于节理岩体的应力分析。离散元法也像有限元法那样,将区域划分成单元。但是,单元因受节理等不连续面的控制,在以后的运动过程中,单元节点可以分离,即一个单元与其邻近单元可以接触,也可以分开。单元之间相互作用的力可以根据力和位移的关系求出,而个别单元的运动则完全根据该单元所受的不平衡力和不平衡力矩的大小按牛顿运动定律确定。离散元法是一种显式求解的数值方法。该方法与在时域中进行的其他显式计算相似,例如与解抛物线型偏微分方程的显式差分格式相似。由于用显式法时不需要形成矩阵,因此可以考虑大的位移和非线性,而不用花费额外的计算时间。

在解决连续介质力学问题时,除边界条件外,还有三个方程必须满足,即平衡方程、变形协调方程和本构方程。变形协调方程保证介质变形的连续性,就离散元法而言,由于介质一开始就被假设为离散的块体集合,故块与块之间没有变形协调的约束,所以不需要满足变形协调方程。本构方程即物理方程,它表征介质应力和应变之间的物理关系。另外,相对于每一块体的平衡方程是应该满足的。例如,对于某一块体 A,其上有邻近块体通过边、角作用于它的一组力,这一组力以及重力对块体的重心会产生合力 F 和合力矩 M。如果合力和合力矩不等于零,则不平衡力和不平衡力矩使块体根据牛顿第二定律 $F = ma$ 和 $M = I\dot{\theta}$ 的规律运动。块体的运动不是自由的,它会遇到邻接块体的阻力。这种位移和力的作用规律就相当于物理方程,它可以是线性的,也可以是非线性的。计算按照整个时步迭代,并遍历整个块体集合,直到对每一块体都不再出现不平衡力和不平衡力矩。

离散元法一般采用动态松弛法求解,而用此方法求解所固有的困难是选择阻尼。岩块在运动中一般不发生弹跳,这是由于运动时其动能转化成热能而耗散掉的缘故。因此,岩块的运动是不可逆的过程;否则,如果一个弹性系统中有了动能,就会在平衡位置附近做简谐振动。为了避免这一点,就要采用加阻尼的办法来耗散系统在振动过程中的动能,以使系统达到稳定的状态。阻尼可分为黏性阻尼、自适应阻尼和库仑阻尼。

6.4.1　黏性阻尼

在弹性系统中加黏性阻尼,在物理上可用沃伊特(Voigt)模型表示(见图 6-3)。

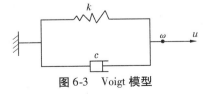

图 6-3　Voigt 模型

其自由振动微分方程为

$$m\ddot{u} + c\dot{u} + ku = 0 \tag{6-33}$$

式中　　m——集中质量；

c——黏性阻尼系数；

k——弹性刚度系数；

u——位移。

令　　　　　　　　　　　　$c_c = 2\sqrt{mk} = 2mw_n$

得　　　　　　　　　　　　　　$\zeta = c/c_c$　　　　　　　　　　　　　　　　　　(6-34)

式中　　c_c——临界阻尼系数；

w_n——无阻尼振动时系统的固有频率，且 $w_n = \sqrt{k/m}$；

ζ——阻尼比。

阻尼比 ζ 对黏性阻尼自由振动产生很大的影响，根据 ζ 的大小，将阻尼振动系统分为以下三类：

(1)欠阻尼振动系统。当 $\zeta < 1$ 时的振动系统，称为欠阻尼振动系统。

(2)临界阻尼振动系统。当 $\zeta = 1$ 时的振动系统，称为临界阻尼振动系统。

(3)过阻尼振动系统。当 $\zeta > 1$ 时的振动系统，称为过阻尼振动系统，此时的运动已不再是振动。

工程中常用的黏性阻尼为瑞利(Rayleigh)线性比例阻尼，对于其他形式的阻尼，可利用等效阻尼的概念近似地划分为线性比例阻尼。瑞利阻尼理论适用于弹性连续介质的振动系统，不完全适用于非连续介质系统，因为非连续介质系统随着块体之间的滑移或分离，其振型是不确定的，但阻尼却仍然存在。对非连续介质系统的阻尼，可以想象把整个系统浸泡在黏性液体中，在物理意义上等价于用黏性活塞将块体单元与一不动点相连，使块体单元的绝对运动受到阻尼；刚度比例阻尼的物理意义等价于用黏性活塞把两个接触块体连接起来，使块体单元之间的相对运动受到阻尼，即阻尼 = 质量阻尼 + 刚度阻尼。

6.4.2　自适应阻尼

前面介绍的与速度成正比的阻尼在解决问题时，有时会遇到以下三个困难：

(1)该阻尼中由于引入了体力，故在某些情况下会得出错误的破坏模式。

(2)最佳的阻尼系数一般取决于矩阵的特征值。对于线性问题，求特征值的时间几乎是整个动态松弛计算所需的时间；而对于非线性问题，则根本求不出特征值。

(3)阻尼系数对于所有块体都是相同的。而实际情况中，常常是所研究的问题，其某一部分处于稳定状态，而另一部分处于运动状态。因此，对于不同的区域应采用不同的阻尼才比较合理。

为了克服上述困难，康德尔提出了两种自适应阻尼。第一种自适应阻尼仍采用黏性阻尼，只是阻尼所吸收的能量与系统的动能变化率之比是定值，采用伺服机理对黏性阻尼系数进行自适应控制。第二种自适应阻尼称为局部自适应阻尼。该阻尼力的大小与块体所受的不平衡力成正比，其方向取使块体振动衰减的方向，而不是做稳定运动的方向。应用局部自适应阻尼可以完全克服上述的三个困难：对于稳定状态情况，体力消失；阻尼系数既无量纲，又不取决于边界条件或性质；阻尼力在系统内各地方是变化的。但是，局部自适应阻尼总是使系统处于过阻尼状态。

6.4.3　库仑阻尼

库仑阻尼也就是摩擦阻尼,它是由两个干燥表面相对滑动而形成的。

6.5　岩石力学数值分析中需要注意的问题

岩石力学数值分析讲究应用,要求读者能够掌握每种方法的基本理论,弄清其来龙去脉的主线条,每种方法都有其特点和适用范围,会熟练应用其中一两种方法,能够熟练使用相关软件或自编程序,当然加强实践和总结体会也必不可少。

针对某类具体工程问题,能否得到合理的计算结果,取决于计算方法的选择和方法的正确实施,包括程序的正确实现。而能否得到合理或较合理的有用结果,则取决于计算模型及其参数,以及边界条件、初始条件、相互作用、耦合问题等的正确模拟,这常常是问题的核心。所谓正确模拟,首先必须定性正确,其次才能保证量化比较准确。因此,学习和应用数值分析方法时必须把握好如下几个方面的关键问题:

(1)弄清每种方法的数学力学原理,掌握基本假定和适用范围。

(2)弄清每种方法对岩土材料模型及其参数的要求。

(3)弄清每种方法对岩土材料与结构的相互作用模型及其参数的要求,包括岩石块体之间的关联和相互作用模型与参数。

(4)分析初始条件、边界条件和荷载特征等,确定模拟思路。

(5)分析岩土体是否存在渗流和与水的相互作用或其他耦合问题。

(6)对于反演分析,要研究和分析已知数据,明确待求未知量,选择恰当方法。

本章小结

本章主要介绍了岩石力学中常用的几种数值计算方法,包括有限元法、边界元法、有限差分法、离散元法等的基本原理。其中,详细阐述了有限元法的计算过程和解题方法,以及在岩石力学中应用的具体步骤,并总结了岩石力学数值模拟分析中需要注意的问题。

思考题

1. 什么是岩石力学数值分析? 目前常用的数值分析方法有哪些?
2. 数值分析方法中哪些属于非连续介质法? 哪些属于连续介质法?
3. 连续介质法与非连续介质法有何联系? 如何区别?
4. 相比有限元法,边界元法的优缺点是什么?
5. 岩石力学问题求解的有限元法的特征有哪些?
6. 说明有限差分法相比有限元法的优缺点。
7. 当前解决岩石力学问题常用的数值分析软件有哪些? 各有哪些特点?
8. 学习和应用数值分析方法时必须把握的关键问题有哪些?

第 7 章　岩石力学物理模拟

　　相似模拟试验是利用事物或现象间存在的相似和类似等特征来研究自然规律的一种方法,它特别适用于那些难以用理论分析方法获取结果的研究领域,同时也是一种用于对理论研究结果进行分析和比较的有效手段。

　　岩石力学试验模拟就是在室内用某种人工材料(单一的或多种材料混合的),根据相似原理做成相似模型,模型是根据所模拟的原型来塑造的。在进行模拟试验时,通常多采用缩小比例或某些特殊情况下用放大的比例来制作模型。通过对模型上应力、应变的观测来认识与判断原型(模拟实体)上所发生的力学现象和应力—应变的变化规律,以便为岩土工程设计和施工方案的选择提供依据。在矿山工程中,相似材料模拟试验方法作为研究矿山岩体运动规律的一种手段,其实质是根据相似原理,将矿山岩层以一定的比例缩小,用相似材料制成模型,然后在模型中模拟煤层开采、巷道开挖与支护等工程施工过程,观测其周围岩体的移动、变形和破坏情况。根据模型上出现的情况,分析、推测实地岩层发生的情况,从而为矿山地下工程设计和施工提供科学的依据。

　　岩石力学模拟试验是以相似理论为基础,在岩石力学模拟试验中主要有相似材料模拟法、离心模拟法以及光测弹性模拟法等,本书在相似模拟研究中,主要介绍相似理论、相似模拟法的单值条件和相似判据、相似材料的种类、配制与选择、相似模型设计与制作等。

7.1　量纲分析原理概述

　　物理模拟的理论是建立在量纲分析的基础上的。量纲分析的基本思想概括起来就是:任何一个物理问题只有同类量才可以相互比较其大小,由此可以导出量纲分析定理。为了应用这一简单的道理,必须对研究问题的物理实质定性把握准确,描述的变量合理,并通过实验分析得到规律性的认识,达到物理模拟的目的。

　　为了表征岩石的一般特征,先了解表 7-1 所示的一些变量按质量系统(即 MLT 系统,米·千克·秒制)所表示的基本量纲。利用量纲来分析研究问题,主要根据 Buckingham 提出的量纲理论。Buckingham 的理论叙述如下:如果一物理方程式是齐次因次式,则可以将其转换成无因次量乘积的完全系列表达式。

表 7-1　变量及其基本量纲

变量名称	符号	基本量纲	变量名称	符号	基本量纲
长度	l	L	力矩	M	ML^2T^{-2}
时间	T	T	惯量	I	ML^2
质量	m	M	功	W	ML^2T^{-2}
面积	A	L^2	功率	P	ML^2T^{-3}
体积	V	L^3	应变	ε	$M^0L^0T^0$
重度	γ	$ML^{-2}T^{-2}$	应变率	e	$M^0L^0T^{-1}$
密度	ρ	ML^{-3}	弹性模量	E	$ML^{-1}T^{-2}$
速度	V	LT^{-1}	能释放率	G_c	MT^{-2}
加速度	a	LT^{-2}	应力	σ	$ML^{-1}T^{-2}$
摩擦角	φ	$M^0L^0T^0$	重力	G	MLT^{-2}
动量冲量	P	MLT^{-1}	黏聚力	c	$ML^{-1}T^{-2}$
强度	f_c	$ML^{-1}T^{-2}$	泊松比	v	$M^0L^0T^0$

　　为了应用这一理论,必须仔细分析问题找出已知的重要变量,确切表达问题的物理力学性质。然后,定义相应的齐次因次方程。如果方程的形式与基本度量单位无关,则方程可以称为齐次因次方程。表 7-1 所列的各变量,可用以组成一个未知的基本方程,表达岩体的特性。这个方程将是理想的工作模型,根据 Buckingham 理论,进一步可将方程式转换为无因次量乘积完全系列之间的关系式。现在的问题就是如何寻求无因次乘积的完全系列。在未知岩体特性方程的情况下,寻求无因次乘积的完全系列的基本方法是构造一个因次矩阵[M],因次矩阵[M]的行为基本单位 M,L,T;列为问题的变量,如应力、模量、密度、重度等。因次矩阵[M]的元素表示问题变量单位(量纲)与基本单位 M,L,T 之间的指数关系。然后,求出因次矩阵[M]的秩,则完全系列的无因次乘积的数目等于变量的总数减去因次矩阵[M]的秩。(Lamghaai,H. L. 1951)这些乘积常用 $\Pi_1,\Pi_2,\Pi_3,\cdots,\Pi_n$ 表示,其中 n 是乘积数目。

　　于是,对于所研究的体系,用 Π 函数描述的一般关系式就可以表示为

$$\Pi = f(\Pi_1,\Pi_2,\Pi_3,\cdots,\Pi_n) \tag{7-1}$$

　　对于研究的岩体体系(下标 f)和物理模拟的模型体系(下标 m)都可以建立式(7-1)的关系式,可表示为下列比值:

$$\frac{\prod_f}{\prod_m} = \frac{f(\prod_{1f},\prod_{2f},\prod_{3f},\cdots,\prod_{nf})}{f(\prod_{1m},\prod_{2m},\prod_{3m},\cdots,\prod_{nm})} \tag{7-2}$$

　　如果模型设计和模型试验均满足下列要求:

$$\prod_{1f} = \prod_{1m},\prod_{2f} = \prod_{2m},\prod_{3f} = \prod_{3m},\cdots,\prod_{nf} = \prod_{nm} \tag{7-3}$$

则由式(7-2)可得

$$\prod_f = \prod_m \tag{7-4}$$

因此,在理论上如果控制岩体特性的有关参变量已经选定,模型就应能模拟岩体的特性。式(7-3)就是物理模型设计条件。

7.1.1 相似材料模拟试验理论

7.1.1.1 基本概念

两相似系统(现象)某种对应量之比值为一常数,此常数称为这种量的相似常数。如某模型与原型的尺寸之比为 C_L,即

$$C_L = \frac{L_F}{L_M} \tag{7-5}$$

这里的 C_L,即为几何相似常数。

1. 相似准则

相似准则,是指彼此相似的两个系统中数值不变的组合量,它反映了两个相似系统间的数量关系或特征。相似准则是无量纲的,它等于不变量,而不是等于一个常数,它的数值只是在两个相似系统中某两个对应的点和对应的瞬间的数值是相同的,相似准则的数目随现象的不同而异,现象越复杂,相似准则的数目就越多。

如有两个相似的容器 A 和 B,容器 A 的示性尺寸为 L',容积为 V';容器 B 的示性尺寸为 L'',容积为 V'';因为容器形状比较复杂,要确定 V 与 L 之间的关系,就需要用数学上的微分方法。容器 V 与 L 的关系为

$$V = f(L^3) \tag{7-6}$$

$$K_V = \frac{V}{L^3} \tag{7-7}$$

式中,K_V 为常数,它随容器的几何形状而不同,但对于两相似的容器,其 k_v 必然是相同的。这里的 K_V 即为相似准则。

2. 单值条件

所谓单值条件,就是将一个具体现象与同类现象中其他现象区别的具体条件,也就是将普遍现象的通解转变为具体现象特解的具体条件。单值条件包括几何条件、物理条件、边界条件、初始条件。

几何条件是指参与过程之物体的形状和大小;物理条件是指参与过程之物体的物理性质;边界条件是指物体表面所受的外界约束;初始条件是指研究对象在起始时刻的某些特征。

7.1.1.2 相似三定理

物理现象满足什么条件才是相似的,相似现象具有哪些性质,相似模拟试验的结果如何才能推广到原型中去,这些正是相似三定理要回答的问题。相似三定理是相似模型模拟的理论基础,下面将对其作一简单介绍。

1. 相似第一定理(相似正定理)

该定理阐述相似现象具有的性质,即相似现象的相似准则相等,相似指标等于1,且单值条件相似。

2. 相似第二定理（π定理）

该定理表述为：如果现象相似，描述此现象的各种参量之间的关系可转换成相似准则之间的函数关系，且相似现象的相似准则函数关系式相同。相似第二定理给相似模拟试验结果的推广提供了理论依据。因为若两现象相似，根据相似第二定理，就可从模型试验结果中整理出相似准则关系，推广到原型中去，从而使原型得到圆满的解释。

3. 相似第三定理（相似逆定理）

该定理主要回答现象相似条件的问题：若两个现象能用相同文字的关系式描述，且单值条件相似，同时由此单值条件所组成的相似准则相等，则此两现象相似。在工程实践中，要使模型和原型完全满足相似第三定理的要求是相当困难的，甚至不可能。这时可根据研究对象的特征，合理选取那些对现象影响重大的因素，抓住现象的主要因素，略去次要因素，使得模拟研究得以实现。

7.1.1.3　相似准则的推导

在进行相似模拟研究的试验设计、试验结果整理及推广时，均需要求得所研究现象的相似准则，求导相似准则的方法很多，如相似转移法、因次分析法、矩阵法等。在岩土工程实际中应用较多的是因次分析法，下面将详细介绍。

1. 因次分析法的概念

因次也称量纲，是代表物理量性质的符号。在物理学中，通用的力学单位是从长度、时间和质量的单位导出的。例如，用米、千克、秒制时，速度的单位是米/秒，如果不用这种人为确定的单位，而直接将［长度］［时间］与［质量］的普遍单位用［L］［T］和［M］来表达，则这种度量单位称为因次（量纲）。由于各个物理量是互相联系的，因此可以将其他物理量由这几个基本量纲推导出来，也就是说，可以用［L］［T］和［M］这几个基本单位的组合来表示其他物理量的单位。本身可以表达某物理量的因次叫作基本因次，由基本因次通过数学表达式导出的因次叫作导出因次。

工程中常用的基本因次系统有 MLT 系统和 FLT 系统，前者将质量［M］作为基本因次，后者将力［F］作为基本因次。

2. 因次分析法的原理

用因次分析法求相似准则的理论依据是相似第二定理，此时该定理可表达为：若描述某一现象的变量需 n 个（其中 k 个变量的因次是基本因次），且这些变量构成一个因次齐次的方程式，则此方程可化为 $n-k$ 个无因次乘积所组成的方程式。

根据上述定理，即可用因次分析法求得现象的相似准则，尽管不知道描述此现象的各因素之间确切的函数关系。

在使用因次分析法推导相似准则时，关键是要合理确定哪些因素与所研究的对象有关。要努力避免两种情况发生：一是将那些与研究对象无关的因素也考虑进来，这不仅使分析过程复杂化，而且在最后求出的由无因次乘积组成的表达式中，出现多余的项；二是漏掉了某些对所研究现象有影响的因素，导致不完整甚至错误的研究结果。

3. 因次分析法的步骤

用因次分析法推导相似准则的步骤如下：

（1）找出与现象有关的参数和因次，得出现象的函数表达式。

例如,某一物理现象的方程式为

$$f(X_1, X_2, \cdots, X_n) = 0 \tag{7-8}$$

(2)写出相似准则的一般表达式为

$$\pi = X_1^{b_1} X_2^{b_2} \cdots X_n^{b_n} \tag{7-9}$$

(3)将各参数的因次代入相似准则的一般表达式,得到一般表达的因次式为

$$[\pi] = [M^{p_1} L^{q_1} T^{r_1}]^{b_1} \cdots [M^{p_n} L^{q_n} T^{r_n}]^{b_n} = M^0 L^0 T^0 \tag{7-10}$$

(4)根据量纲齐次原则,确定参数指数间的关系为

$$\begin{cases} p_1 b_1 + p_2 b_2 + \cdots + p_n b_n = 0 \\ q_1 b_1 + q_2 b_2 + \cdots + q_n b_n = 0 \\ r_1 b_1 + r_2 b_2 + \cdots + r_n b_n = 0 \end{cases} \tag{7-11}$$

7.1.1.4 单值条件的确定

1. 几何相似

几何相似条件是相似材料模拟试验中原型和模型所应满足的最基本的条件。模型与原型各部分的尺寸应按同样比例尺缩小或放大,即满足下列格式:

$$\frac{L_p}{L_m} = C_L \tag{7-12}$$

$$\frac{L_p^2}{L_m^2} = C_L^2 = C_A \tag{7-13}$$

$$\frac{L_p^3}{L_m^3} = C_L^3 = C_V \tag{7-14}$$

式中 L_p、L_m——原型与模型的尺寸;

C_L、C_A、C_V——长度、面积、体积相似常数。

对于采矿类问题,定性模型的几何相似常数 C_L 通常取 $100 \sim 200$;而定量模型则做得较大,其 C_L 一般取 $20 \sim 50$。

另外,在构造小模型时,某些构件如果按整个模型的几何比例缩小制作,往往在工艺上或材料上发生困难,这时可以考虑采用非几何相似的方法来模拟这一局部问题。例如,模型支架的结构可以与实物根本不同,尺寸上也不存在什么比例关系,但其支架特征曲线却与实物相似,即可用同一方程来描述,对整个模型的研究来讲,这样做是不会有什么影响的。

2. 物理相似

在相似材料模型中,起控制作用的物理常数往往因模型中所要解决的问题不同而异,下面介绍各类问题中对选择相似材料有控制作用的物理常数。

(1)研究弹性范围内围岩的应力与变形。

①不考虑自重时,主要的物理相似常数为

$$C_\sigma = \frac{\sigma_p}{\sigma_m}, \quad C_E = \frac{E_p}{E_m} \tag{7-15}$$

式中 C_σ——应力相似常数;

C_E——弹性模量相似常数;

σ_p、E_p——原型的应力与弹性模量；

σ_m、E_m——模型的应力与弹性模量。

主要的相似指标为

$$C_E = C_\sigma \qquad (7\text{-}16)$$

②考虑自重时,主要的物理相似常数为

$$C_r = \frac{r_p}{r_m}, C_\sigma = \frac{\sigma_p}{\sigma_m}, C_E = \frac{E_p}{E_m}, C_\varepsilon = \frac{\varepsilon_p}{\varepsilon_m} \qquad (7\text{-}17)$$

式中　C_r——容重相似常数；

C_ε——应变相似常数。

主要的相似指标为

$$\frac{C_\sigma}{C_L C_r} = 1, \frac{C_E}{C_\sigma} = 1 \qquad (7\text{-}18)$$

（2）研究围岩的破坏过程。

主要的相似常数为

$$C_{\sigma_c} = \frac{(\sigma_c)_p}{(\sigma_c)_m}, C_{\sigma_t} = \frac{(\sigma_t)_p}{(\sigma_t)_m}, C_c = \frac{C_p}{C_m}, C_\varphi = \frac{\varphi_p}{\varphi_m} \qquad (7\text{-}19)$$

式中　C_{σ_c}——抗压强度相似常数；

C_{σ_t}——抗拉强度相似常数；

C_c——黏聚强度相似常数；

C_φ——内摩擦角相似常数。

主要的相似指标为

$$\left.\begin{array}{l} [\sigma_c]_m = \dfrac{L_m}{L_p} \cdot \dfrac{r_m}{r_p}[\sigma_c]_p \\[2mm] [\sigma_t]_m = \dfrac{L_m}{L_p} \cdot \dfrac{r_m}{r_p}[\sigma_t]_p \\[2mm] [C]_m = \dfrac{L_m}{L_p} \cdot \dfrac{r_m}{r_p}[C]_p \\[2mm] \varphi_m = \varphi_p \end{array}\right\} \qquad (7\text{-}20)$$

根据以上的相似指标可以确定模型的强度、黏聚强度及内摩擦角等量。

（3）研究围岩在长期开采条件下的破坏过程。在这种情况下,多了一个时间物理量,应选择一个时间相似常数。

确定时间相似常数是一个非常困难的问题。因为要使原型与模型材料二者的蠕变过程完全相似几乎是不可能的。研究者们曾经试图采用各种方法解决这个问题,如意大利 E. Fu – magalli 建议对岩块进行长时间的压缩试验来近似解决这一难题;苏联学者建议采用试验对比法来代替理论计算,即分别对原型材料与模型材料的试件做蠕变试验,寻找两种材料在蠕变特征上的区别,以确定时间相似常数。

3. 初始状态相似

所谓初始状态是指原型的自然状态,对于岩体来讲,最重要的初始状态是其结构状态,如岩体的结构特征,结构面的分布特征及结构面上的力学性质等。在具体实施时,应分析哪些结构面对于所研究的问题具有决定作用,哪些结构面是可以忽略的,从而达到既能简化模型,又能满足实际要求的目的。

从理论上讲,结构体的形状与大小应保持与整体模型相同的几何模拟关系。但是,从变形角度来考察,不论模型块体如何接触紧密,其间隙总是大于按原型缩制的要求,这就有可能导致整个体系的变形过大。为了保持原型与模型在总体上的变形相似,常常不得不适当地减小模型中不连续面的频率,按总体变形模量的要求调整模型。

不连续面上 C、φ 值的相似常数应当取得与岩石一样,其换算公式为

$$C_m = C_p \cdot \frac{r_m}{r_p} \cdot \frac{L_m}{L_p} \tag{7-21}$$

$$\varphi_m = \varphi_p \tag{7-22}$$

此外,原型与模型各岩层的主要力学性质之间应该保持同样的相似关系,即

$$\frac{(r_1)_p}{(r_1)_m} = \frac{(r_2)_p}{(r_2)_m} = \cdots = \frac{(r_n)_p}{(r_n)_m} = C_r \tag{7-23}$$

$$\frac{(E_1)_p}{(E_1)_m} = \frac{(E_2)_p}{(E_2)_m} = \cdots = \frac{(E_n)_p}{(E_n)_m} = C_E \tag{7-24}$$

式中,下标 $1,2,\cdots,n$ 代表岩层的各分层编号。

4. 边界条件相似

在使用平面模型时,如果应用平面应变模型,应采取各种措施保持前后表面不产生变形;如果采用平面应力模型代替平面应变模型,由于在前后面上没有满足原边界条件,模型中岩石具有的刚度将低于原型,为了弥补刚度不足的缺陷,通常在设计中用 $\left(\dfrac{E}{1-\mu^2}\right)_m$ 的值来代替原来的 E_m 值。

模拟深度岩层时,一般用外加载的方法代替自重应力,模拟的范围不应小于工程开挖的影响范围。

7.2　模型设计

相似材料模型依其相似程度不同分为两种:第一种是定性模型,主要目的是通过模型去定性地判断原型中发生某种现象的本质或机理。在这种模型中,不严格遵循各种模拟关系,而只须满足主要的相似常数。第二种是定量模型,在这种模型中,要求主要的物理量都尽量满足相似常数和相似判据。由于这种模型所需的材料多,花费的时间长,因此在制作这种模型前最好先进行定性模拟。

相似材料模拟试验是在模型试验架(台)上进行的,模型架一般由槽钢、角钢、钢板和木板等组成,其结构设计应满足强度和刚度的要求,根据研究的内容和目的所决定的线性比例确定模型尺寸。目前,国内采用的模型架有平面模型架、转体模型架和立体模型架等。

7.2.1　平面模型架

由于所研究的目的不同,相似模型所模拟的范围也各异,因此平面模型架的规格也有所不同,在平面模型中,用于大范围的模拟研究。主要是研究地下采动有关岩石力学的问题。在地下开采过程中,随着工作面的不断向前推进,其所涉及的范围也不断变化,从深度上看,可以从地表直到采场所设计的深度,在平面上相当于一个采区的开采范围。根据采动影响的要求,其所模拟的范围至少大于开采空间的 3 ~ 5 倍,因此模型的尺寸往往有4 ~ 5 m 长,模型是在模型架上建造的,于是模型架的尺寸必须满足模拟试验的要求,同时也应满足平面模型的特点:

(1)随着工作面的推进,其波及的范围与边界条件不断变化,属于"动态"模型,即除满足前述的相似外,还必须遵循时间相似的要求。

(2)涉及的岩体规模较大,受影响的岩层较多。

(3)在同一模型上往往要求模拟具有不同力学性质的多层岩石,同时随着开采范围的扩大,既有处于弹性状态的岩体,又有处于黏、塑性破坏状态的岩体,因此相似材料的选择、相似常数的确定以及模型上的量测工作都比较复杂。

平面模型结构简单,测试方便,但不易满足边界条件相似。

平面模型是以一个剖面为基础,可前后两面进行观测,按其两面的约束情况不同又可分为平面应力模型和平面应变模型。

7.2.1.1　平面应力模型

(1)平面应力模型,模型前后无约束,允许侧向变形。

(2)平面应力模型的边界条件与实际的边界条件差别较大,不过如果模拟的岩层比较坚硬,在垂直暴露面上能保持稳定,那么这种边界条件的不同,对模拟影响不大。

7.2.1.2　平面应变模型

(1)平面应变模型需在模型架前后加玻璃钢板以便限制其侧向变形。

(2)当模拟深度超过 400 ~ 500 m,铅垂方向的压力达到岩石的破坏极限时,模型处于自由状态的前后表面就要因受压力而产生破坏,此时应用平面应变模型。

(3)平面应变模型还适用于模拟松散或弹塑性岩层,这种模型前后表面不能暴露,否则模型在此方向上将发生移动和破坏,故加挡板形成平面应变模型。

对挡板的要求如下:

(1)能限制模型材料的侧向变形。

(2)不影响模拟岩层的下沉垮落的特点,为此通常在模型材料与挡板之间添加透明的润滑剂以减小摩擦力。

(3)便于模型进行观测。

平面模型可用于研究以下问题:

(1)研究围岩在不同外载作用下的应力场与位移场。

(2)研究上覆岩层的移动规律。

(3)研究围岩与支架的相互作用以及巷(隧)道的破坏与变形特征。

(4)研究不同支护方案,不同施工方法或不同设计方案的最佳选择。

平面模型规格一般为:长1.5~5.0 m,宽0.2~0.5 m,高1.0~2.0 m,其结构如图7-1所示,模型架的主体一般由24号槽钢和角钢组成,模型架两边上有孔,以便固定模板,模板用厚3 cm的木板制成,为防止装填材料时模板向外凸起,模型架中部可用竖向小槽钢加固。

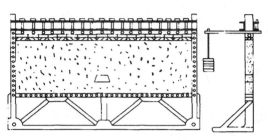

图 7-1　平面模型架

7.2.2　转体模型架

为了满足研究倾斜岩层模拟试验的需要,应使用平面转体模型架,其特点是模型架的一端装有转轴,可根据需要转动模型架下形成一定的倾角,模拟倾斜岩层,其结构如图7-2所示。

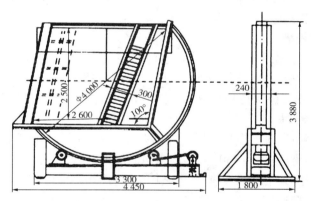

图 7-2　转体模型架

转体模型可以用于研究以下问题:
(1)研究倾斜方向剖面、工作面两侧的压力分布。
(2)研究上覆岩层沿倾斜方向的移动规律。
(3)研究倾斜巷道围岩变形与破坏的特征。
(4)研究倾斜巷道围岩与支架的相互作用。
转体模型架的规格,长为1.0~2.0 m,宽为0.2~0.5 m,高为1.0~2.0 m。

此外,在研究地下空间三维问题时,需要立体模型,一般来说,立体模型容易满足边界条件,却难以在模型中进行采掘工作和对模型深部移动、变形和破坏进行观测与记录。

7.3　材料配比

7.3.1　相似材料的选择

相似材料是用来模拟各种原型的,相似材料的用料和配比因原型不同而不同,为了配制各种各样的相似材料,需使用不同性能和种类的相似原料。相似材料通常由充填材料和胶结材料组成,为了改变相似材料的某些性质或便于相似材料的配制,有时要加入添加剂,当胶结材料的固化需要水时,水就成了配制相似材料必备的原料之一。

7.3.1.1　相似材料选择的原则

在选择相似材料时,应结合具体情况,同时遵循以下原则:

(1)模型主要的力学性质与模拟的岩石或结构相似。

(2)试验过程中材料的力学性能稳定,不易受外界条件的影响。

(3)改变材料的配比,可调整材料的某些性质以适应相似条件的要求。

(4)制作方便,凝固时间短。

(5)成本低,来源丰富。

总之,在相似材料中,胶结材料是决定相似材料性质的主要原料,在选择胶结材料时,应根据欲配制的相似材料及相似材料模型的物理力学性质,如强度、抗压抗拉强度比值、力学特性等来选择。充填材料是影响相似材料的另一个重要因素,它对相似材料的密度、晶体颗粒组成等起决定性的作用。在配制相似材料时,往往很难只用一种材料就能配制出合乎要求的相似材料,这时应选择两种或两种以上,这就是不同材料间的配比与相互作用问题。

7.3.1.2　相似材料的分类

组成相似材料的原材料主要有以下两类:

(1)充填材料,主要有砂、尾砂、黏土、岩粉、铝粉、云母粉、粉煤灰、软木屑、聚苯乙烯颗粒、硅藻土等。

(2)胶结材料,主要有石膏、水泥、石灰、水玻璃、碳酸钙、石蜡、树脂等。

此外,有时还会用到添加剂,添加剂根据其作用的不同可分为增密剂、减密剂、缓凝剂等。

7.3.1.3　模拟岩石及构造的相似材料

模拟岩石材料应用最广的是石膏胶结材料,即石膏、水泥胶结材料,用砂等作为骨料,进行不同的配比,这种模拟方法的优点是:制作工艺简单,材料来源方便,材料的脆性与岩石比较接近。其他的配方,如石膏铅丹砂浆、环氧树脂胶结材料也在一定的范围内得到应用。

地质构造的模拟是一个极为复杂的问题,比较常用的方法有:①各种涂料,如用油脂类涂料模拟黏土夹层的黏滞滑动;②各种纸质互层,可模拟原型中的软弱结构面,如节理面与夹泥层等;③各种干粉料,如用石灰粉、云母粉、滑石粉,模拟岩石的分层面;④各种粒径的砂子,用来模拟粗糙的断裂面。

7.3.2　相似材料配比及试验

相似材料配比是指组成相似材料原料间的比例关系,相似材料配比的调整是改变相似材料物理力学性质的最主要措施之一,但由于影响因素的多样性和复杂性,要确定出合适的配比,制作出符合要求的相似材料模型并非易事。它需要根据前人的研究成果,结合欲解决问题的特殊性,经过大量的试验才能最终配出满意的相似材料并制作出所需的相似模型。

制作模型的原料选定后,便可进行大量系统的相似材料配比试验工作。配比试验是相似材料模拟的基础,需要经常进行。制作模型选定配方时,也应做相应的配比试验,因为来源不同的原料,其性质可能有所差异。如果由于选用材料的差异,使得配制的相似材料与配比表中的数值稍有出入,此时就需调整材料组成的比例,并重复试验,以达到力学相似的要求。

相似材料的试件可以根据需要做成圆柱形、方框形、立方体形等,试件做成以后,必须晾干后才能测定其力学性质,试件的干燥时间,根据习惯而定,有 3 d、7 d、10 d 等。试件干燥后就可对其进行强度和变形性质的测定,一般要进行抗压强度和抗拉强度的测定。

在具体的模拟实施中,还应注意以下两个问题:一是在模拟煤层时,除砂、云母粉、煤粉、石膏、碳酸钙外,还可用一些轻质材料,如锯末、珍珠岩粉、炉渣粉等,以降低相似材料的重度,达到力学相似的要求;二是在模拟松散层时,除加水外,再加适量的机油(润滑油),能起到使松散层疏松的作用。

本章小结

本章在介绍量纲分析原理的基础上,阐述了相似材料模拟的基本概念、相似三定理、相似准则及单值条件的确定,介绍了常用的相似材料模拟试验模型及各个模型的特点,最后介绍了相似材料模拟试验中材料的选择、分类及配比。

思考题

1. 试阐述相似材料模拟试验中的相似三定理。
2. 相似材料模拟试验中的单值条件有哪些? 如何确定?
3. 常用的相似材料模拟试验模型有哪些? 各自的特点是什么?
4. 相似材料模拟试验中相似材料的分类及选择的原则是什么?
5. 在进行相似材料配比中应注意哪些问题?

第 8 章　岩石断裂力学

岩石断裂力学是力学与地学、岩土工程的交叉学科。断裂力学最初是从材料强度问题的研究中发展起来的。断裂力学的研究对象,是含有裂纹型缺陷的固体材料中的应力分析、材料强度以及裂纹的扩展规律。虽然时间很短,却在工程技术及许多科学领域中获得广泛的运用,除建筑、大坝、核电站地基、隧道等岩土工程外,还涉及断层破裂问题。由此发展出了地震震源力学、矿山地震成因等,甚至涉及天体的破裂问题,例如小行星的瓦解等。岩石断裂力学成为固体力学中一个极为活跃的部分,是现代岩石力学的重要组成部分。

8.1　裂纹的起裂与传播

8.1.1　岩石的结构特性和破坏特性

首先,岩石是一种典型的非均质材料。岩石是由多种矿物晶体颗粒通过胶结物胶结而组成的,所以岩石中含有多种力学性质和力学参数(如强度、变形模量等)不同的矿物,在细观上岩石是一种非均质材料,在宏观工程尺度上,岩体也往往是非均质的,例如矿山的沉积地层等。

其次,岩石是一种典型的非连续性材料,岩石作为自然形成的地质介质,其非连续性表现在各种尺度上,从岩石力学研究的需要出发,可以从三个尺度上阐述岩石的非连续性。一是细观尺度上,岩石的矿物颗粒之间存在着结构上的非连续性,即细小裂纹,还存在力学性质上的非连续性,即各种矿物颗粒力学参数不同。这种细观尺度的非连续性对岩石力学性质与参数的影响可以通过岩石试件的力学参数测定值体现出来。二是工程宏观尺度上岩体的大型非连续地质界面,如断层面、地层沉积层面和岩浆岩与其他岩层的接触面等。这种大型非连续地质界面,可以在建立岩体结构力学模型时划分出来,并进行专门的结构面的力学效应分析。三是工程宏观尺度上岩体中的节理、裂隙等小型的非连续结构面。这种结构面既有张开型的(一般仅几毫米),也有闭合型的,在岩体中单个结构面的平面形状为椭圆形,其长度小的几厘米,大的几米。这种小型非连续结构面,对岩体力学性质具有重要影响,是井巷、硐室稳定性的主要影响因素之一。

最后,岩石的破坏往往是由结构面发展形成的脆性破坏。例如,在岩梁弯曲破坏(采场顶板的断裂)时,会受到结构面的重要影响。井巷、硐室的稳定性问题,其破坏首先发生于巷道围岩的表层,井巷支护载荷一般都很小,对于巷道围岩,相当于 σ_3 较小,这种巷道围岩表层的破坏首先表现为结构面压剪断裂破坏。

8.1.2　裂纹的扩展方式

许多脆性材料,包括岩石、混凝土、陶瓷、玻璃等,其构件在远低于屈服应力的条件下发生断裂,即所谓"低应力脆断",这证明材料中存在裂纹效应。Griffith 认为,脆性固体必定包含许多亚微观缺陷,微型裂纹或其他用常规手段无法发现的非常小的不均匀粒子,把以上这些称为 Griffith 裂纹或 Griffith 缺陷。

传统的力学方法通常假定材料是连续的,不存在任何缺陷和裂纹。一般的方法是,根据结构的实际工作情况,计算出其中最危险区域的应力,乘以安全系数,若其小于屈服强度或极限强度,则认为该结构是安全的,反之则是不安全的。实际结构中可能有的缺陷和其他在计算中考虑不到的因素一起放到安全系数中加以考虑。但是,后来发现,许多高强度低韧度材料,常常发生"低应力脆断"事故。研究表明,这种脆性破坏都是由于宏观缺陷或裂纹的失稳扩展而引起的,这些研究形成了断裂力学。

断裂力学的理论与方法被引入岩石力学领域中之后,在工程实践中,为了防止脆性断裂,提出了两个问题:一是防止启裂;二是防止裂隙扩展。

裂纹有三种扩展的方式或类型,如图 8-1 所示。

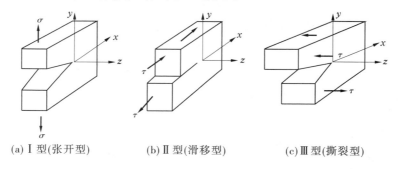

　(a)Ⅰ型(张开型)　　　　　(b)Ⅱ型(滑移型)　　　　　(c)Ⅲ型(撕裂型)

图 8-1　裂纹扩展的三种类型

(1)张开型(Ⅰ型)。外加正应力 σ 和裂纹面垂直,在 σ 作用下裂纹尖端张开,扩展方向与 σ 垂直,这种裂纹称为张开型,也叫Ⅰ型裂纹。

(2)滑移型也叫纵向剪切型(Ⅱ型)。在平行裂纹面的剪应力作用下,裂纹滑移扩展,称为滑移型裂纹,也叫Ⅱ型裂纹。

(3)撕裂型也叫横向剪切型(Ⅲ型)。在剪应力作用下裂纹面上下错开,裂纹沿原来的方向向前发展,称为撕裂型裂纹,也叫Ⅲ型裂纹。

如果体内裂纹同时受到正应力和剪应力的作用,或裂纹面和正应力成一角度,这时就同时存在Ⅰ型和Ⅱ型或Ⅰ型和Ⅲ型,称为复合型裂纹。

在最普通的情况下,裂纹面可以是空间曲面,裂纹前缘可以是空间曲线,但在实际工程问题中,常遇见的基本上是平面裂纹,所以一般都是按平面裂纹处理。

研究裂纹的扩展有两种不同的观点:一种是从能量分析出发,认为物体在裂纹扩展中所能够释放出来的弹性能,必须与产生新的断裂面所消耗的能量相等,这种观点是 20 世纪 20 年代初由 Griffith 提出来的。另一种是应力强度观点,认为裂纹扩展的临界状态,是由裂纹前缘的应力场的强度达到临界值来表征的。这两种观点有着密切的联系,但并不总是等效的。

Griffith 认为:断裂破坏是由于物体内部细小的缺陷或微小的裂纹所引起的应力集中的缘故。当物体的裂纹扩展时,会释放出一定的弹性势能,并能转化为其他形式的能量:裂纹扩展克服材料阻力所做的功和位移部分的动能(这两种能最后会转化为振动和热,但 Griffith 对此没有考虑)。

根据这种分析,Griffith 令人满意地解释了玻璃的抗拉强度在理论与实际之间的矛盾,并用试验证明了他的解释。

建立在线弹性理论基础上的线弹性断裂力学,是假定在裂纹尖端塑性区与裂纹长度和试样宽度相比是非常小的,把材料当作完全弹性体,运用弹性理论来研究裂纹尖端附近的应力状态。用裂纹前缘区域应力场的强弱程度来判断固体的裂纹扩展和断裂以及固体的强度。

8.1.3　岩石断裂扩展判据

一般较坚硬岩石都属于脆性材料。实际工程岩体中存在大量结构面,包括断层、节理以及杂乱无章的细微裂隙等,岩石试件中也存在微观裂隙,岩石的破坏往往表现为裂隙的扩展,因此岩石断裂力学的研究愈来愈受到人们的重视。

岩石断裂力学问题主要表现为如下几个方面:①压剪应力状态下闭合裂纹的扩展判据;②多裂纹条件下裂纹扩展与岩体工程稳定性的关系;③岩石断裂韧度测试方法。

线弹性断裂力学关于张开型裂纹失稳扩展的理论是比较完善的,但工程中经常遇到裂纹 K_I,K_{II},K_{III} 均不为零的复合应力状态。在复合应力状态下的岩石断裂试验表明,裂纹两端会出现裂纹扩展,裂纹扩展的方向逐渐转至与最大主应力 σ_1 方向平行,随着荷载的增加还会出现一些分支裂纹,如图 8-2 所示。

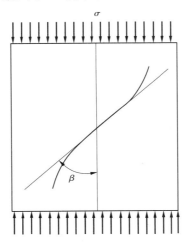

图 8-2　压剪裂纹

目前国内常采用校核复合断裂判据的断裂试验方法,这种方法主要有两种:一是用含有中心穿透斜裂纹的板式试件单向加载试验;二是用直剪试验。

试验得出压剪裂纹扩展的经验判据为

$$\left.\begin{aligned}\lambda_{12}\sum K_{\mathrm{I}}+\left|\sum K_{\mathrm{II}}\right|&=K_{\mathrm{II}c}\\\lambda_{13}\sum K_{\mathrm{I}}+\left|\sum K_{\mathrm{III}}\right|&=K_{\mathrm{III}c}\end{aligned}\right\}$$ (8-1)

式中　λ_{12}、λ_{13}——压剪及压扭系数;

$K_{\mathrm{II}c}$、$K_{\mathrm{III}c}$——剪切韧度和扭剪韧度。

8.2　断裂力学理论基础

8.2.1　Griffith 强度准则

Griffith 在研究脆性材料的破坏时,发现材料内部存在许多微裂纹或缺陷。由于微裂纹的存在,在裂隙尖端形成应力集中,从而引起裂纹的扩展、连接和贯通,最终导致材料的破坏。

8.2.1.1　Griffith 强度理论的基本思想

(1)在脆性材料的内部存在着许多扁平的裂纹,这些微裂纹在数学上可以用扁平椭圆来描述,而这些裂纹随机地分布在材料中。当在外力作用下,微裂纹的尖端附近的最大应力很大时,将使裂纹开始扩展。裂纹的扩展导致岩石的开裂破坏。

(2)根据理论分析,裂纹将沿着与最大拉应力成直角的方向扩展。当在单轴压缩的情况下,裂纹尖端附近处(图 8-3 中的 $\overline{AB}$ 与裂纹交点)为最大拉应力。此时,裂纹将沿与 $\overline{AB}$ 垂直的方向扩展,最后逐渐向最大主应力方向过渡。这一分析结果,形象地解释了在单轴压缩应力作用下劈裂破坏是岩石破坏本质的现象。

(3)Griffith 认为,当作用在裂纹尖端处的有效应力达到形成新裂纹所需的能量时,裂纹开始扩展,其表达式为

$$\sigma_{\mathrm{t}}=\left(\frac{2\rho E}{\pi a}\right)^{\frac{1}{2}}$$ (8-2)

式中　σ_{t}——裂纹尖端附近所形成的最大拉应力;

ρ——裂纹的比表面能;

E——材料弹性模量;

a——裂纹长半轴。

Griffith 强度理论的三点基本思想阐明了脆性材料破裂的原因、破裂所需的能量以及破裂扩展的方向。为了进一步分析具有裂纹的介质中应力等分布规律,有人利用弹性力学中椭圆孔的应力解,推演得到了 Griffith 的强度理论判据,以便使该强度理论能够在工程实际中加以应用。

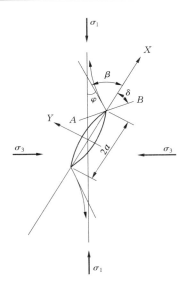

图 8-3　在压应力条件下裂隙开始破裂及扩展方向

8.2.1.2　Griffith 强度理论判据

图 8-4 为随圆孔受力状态示意图。

根据椭圆孔应力状态的解析解,得出了如下的 Griffith 强度理论判据:

$$\begin{cases} \text{当 } \sigma_1 + 3\sigma_3 < 0 \text{ 时,} \sigma_3 = -\sigma_t \\ \text{当 } \sigma_1 + 3\sigma_3 > 0 \text{ 时,} \dfrac{(\sigma_1 - \sigma_3)^2}{\sigma_1 + \sigma_3} = 8\sigma_t \end{cases} \tag{8-3}$$

当微裂纹随机分布于岩石中时,其最有利于破裂的裂纹方向角 φ。可由式(8-4)确定

$$\cos 2\varphi = \frac{\sigma_1 - \sigma_3}{2(\sigma_1 + \sigma_3)} \tag{8-4}$$

由式(8-3)可知,Griffith 强度理论的判据公式是一个用分段函数形式表示的表达式。在不同的应力段,表现出不同的特性。为了加深对 Griffith 强度理论的理解,下面讨论强度理论判据的表达形式及其特征,以便在岩石工程中更好地应用。

由于 Griffith 强度理论的判据公式是一个分段函数,先分析当 $\sigma_1 + 3\sigma_3 < 0$ 时其表达式的特征。由强度理论判据公式可知,此时的判据为 $\sigma_3 = -\sigma_t$(见图 8-5 中直线 EF)。这一判据的含义为:当作用于岩石的应力满足条件 $\sigma_1 + 3\sigma_3 < 0$ 时,不管 σ_1 值的大小,只要 $\sigma_3 = -\sigma_t$,岩石的裂纹开始扩展。判据在 σ_1—σ_3 坐标下,其判据为二次曲线,且该二次曲线在点 $(3\sigma_t, -\sigma_t)$ 与上面应力段的强度判据线相衔接。在这一应力段内,令 $\sigma_3 = 0$,由式(8-3)可得

$$\frac{(\sigma_1 - \sigma_3)^2}{\sigma_1 + \sigma_3} = \sigma_1 = 8\sigma_t \tag{8-5}$$

由这一结论告诉我们,根据 Griffith 强度理论,岩石的单轴抗压强度是抗拉强度的 8 倍。

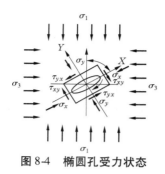

图 8-4　椭圆孔受力状态

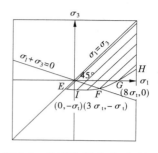

图 8-5　Griffith 强度准则图解

8.2.2　修正的 Griffith 准则和 Murrell 的推广

对于远场应力为压应力的情况,上述椭圆孔裂隙将发生压密闭合,裂隙面上作用有法向力和剪切力,当剪切力大于剪切强度时,裂隙将继续破裂,根据这一概念,可得出岩石的强度准则如下

$$\sigma_1\left[(1+f^2)^{\frac{1}{2}}-f\right]-\sigma_3\left[f+(1+f^2)^{\frac{1}{2}}\right]=4\tau_0\left[1+\frac{\sigma_0}{\tau_0}\right]^{\frac{1}{2}}-2f\sigma \qquad (8\text{-}6)$$

式(8-6)也可用直线型摩尔包络线表示

$$\tau=2\tau_0+f\sigma \qquad (8\text{-}7)$$

式中　σ_0——使椭圆孔闭合所需的平均压力;

　　　f——裂隙面的摩擦因数。

式(8-7)即为修正的 Griffith 准则,它与 Griffith 准则在 σ_1—σ_3 平面上的表示如图 8-6 所示,它们表明 σ_1、σ_3 为线性关系。

Murrell 于 1963 年将式(8-3)推广到三维空间,表达式为

$$(\sigma_1-\sigma_2)^2+(\sigma_2-\sigma_3)^2+(\sigma_3-\sigma_1)^2-24\tau_0(\sigma_1+\sigma_2+\sigma_3)=0 \qquad (8\text{-}8)$$

由式(8-8)求得的抗压抗拉强度之比为 12,此式反映了 σ_2 的作用。

修正的 Griffith 准则仍然存在某些不足之处,计算的抗压强度与抗拉强度之比为 6 ~ 10,与实际仍不尽相同。

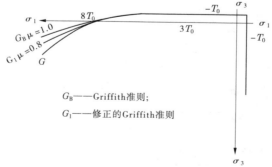

G_B——Griffith准则;

G_1——修正的Griffith准则

图 8-6　Griffith 准则和修正的 Griffith 准则

8.2.3　应力集中

Inglis(1913)对均匀受力平板上的一个椭圆孔进行了应力分析,如图 8-7 所示,一个受 Oy 方向均匀拉伸的平板,其中包含一个半轴为 a、b 的穿透型椭圆孔。假设板厚及半轴 a、b 与板的尺度相比很小,这时从分析中得到一些明确而简单的基本结论。

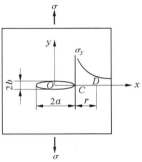

图 8-7　椭圆孔的应力分析

设椭圆方程为

$$\frac{x^2}{a^2} + \frac{y^2}{b^2} = 1 \tag{8-9}$$

容易证明在 C 点的曲率半径为

$$\rho = b^2/a \tag{8-10}$$

而最大应力集中发生在 C 点上

$$\sigma_{yy}(a,0) = \sigma(1 + 2a/b) = \sigma[1 + 2(a/\rho)^{\frac{1}{2}}] \tag{8-11}$$

对于 $b \to 0$ 的狭长椭圆孔,这个方程可变为

$$\sigma_{yy}(a,0)/\sigma \approx 2a/b = 2(a/\rho)^{\frac{1}{2}} \tag{8-12}$$

式(8-12)中的比值通常叫作弹性应力集中系数。显然该系数比 1 大得多,同时也注意到该系数只取决于孔的形状,而与孔的大小无关,最大应力梯度发生在接近于 C 点的局部。

Inglis 方程第一次为断裂力学提供了实际思路,一条裂纹在力学上可以用一个短轴极短而似乎趋近于零的椭圆来处理。

为了理解裂纹怎样引起应力集中,又由应力集中怎样会导致降低材料强度的道理,我们引入人工裂纹在模拟应力线中的存在情况加以说明。

假设有一块一端固定的弹性体平板,其上沿轴向作用着拉伸载荷 P,并在平板上沿 P 方向画出 n 根等间距的力线,当然每根力线的载荷为 P/n,某一点应力线密集,则该点的应力就大,对于无裂纹试样,每一点应力都相同,应力线分布是均匀的,如图 8-8(a)所示。如试样中有长为 $2a$ 的宏观裂纹,如图 8-8(b)所示。受同样的外力 P,这时试样中各点的应力就不再是均匀的了,长为 $2a$ 裂纹上的应力线全部挤在裂纹尖端,裂纹尖端应力线密度增大,即裂纹尖端部分的应力比平均应力要大,远离裂纹尖端,应力线就逐渐趋于均匀,应力也逐渐等于平均应力。也就是说,在裂纹尖端附近,其应力远比外加平均应力要大,即存在应力集中。

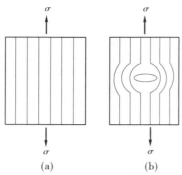

图8-8　拉应力作用下应力分布

裂纹附近的局部应力集中为

$$\sigma_{in} = (P/n)/A_1 \tag{8-13}$$

式中　A_1——裂纹附近应力集中区每根力线的平均横断面面积。

而离裂纹较远的应力为

$$\sigma = (P/n)/A \tag{8-14}$$

式中　A——裂纹远处的力线横断面面积。

显然 σ_{in} 要比 σ 高得多,而且椭圆尖端曲率半径 ρ 愈小,这种效应愈显著。因此,如弹性体内存在裂纹时,即使外力很小,而局部集中应力 σ_{in} 也会很高。如果用弹性力学来计算 σ_{in},可简单地用式(8-15)表示

$$\sigma_{in} = q_i(a,\rho,x)\sigma \tag{8-15}$$

式中　a——长轴的一半;

　　　x——从椭圆尖端沿长轴方向的距离。

当 $x=0$ 时,σ_{in} 最大,这时的

$$q_i(a,\rho,x) = K \tag{8-16}$$

称为应力集中系数。

最大应力集中与裂纹之间的关系为:$\sigma_{in}/\sigma = 2\sqrt{a/\rho}$,所以

$$\sigma_{in} = 2\sigma\sqrt{a/\rho} \tag{8-17}$$

由式(8-17)可见,当 σ 为常数时,σ_{in} 与 a 的平方根成正比,与 ρ 的平方根成反比,当 a 愈大 ρ 愈小时,σ_{in} 则愈大。这样,当外加应力 $\sigma = \sigma_c$ 还比较小,甚至还低于材料屈服应力时,含裂纹试样裂纹尖端区的应力集中就能使尖端附近某一范围内的应力都达到材料的解理断裂强度,从而使裂纹前端材料分离,裂纹快速扩展,试样脆断。这就是说,一般含裂纹试样的实际断裂应力就明显比无裂纹试样低,甚至可以远低于材料的屈服强度。

再进一步设想,脆性材料各质点间的结合力对固定材料来说是个定值。在裂纹存在的情况下,由式(8-17)看出,只要给材料施加一个很小的应力 σ,当 ρ 很小,而 a 有一定值存在时,σ_{in} 很快就接近材料的结合力,则 $\sigma_{in} = \sigma_{th}$,可以求出理论强度 $\sigma_{th} = \sqrt{\dfrac{E\gamma}{b}}$,代入式(8-17)得

$$\sqrt{E\gamma/b} = 2\sigma\sqrt{a/\rho} \tag{8-18}$$

式中 E——弹性模量;

　　　b——原子间距;

　　　γ——形成新表面所需的单位能。

如果设 ρ 趋于 b,则

$$\sigma = \frac{1}{2}\sqrt{\frac{E\gamma}{a}} \tag{8-19}$$

裂纹就在尖端向外扩展而断裂。因此,外力 σ 与结合力的比值,就可以认为是实测强度与理论强度的比值,它等于 $\sqrt{\rho}/2\sqrt{a}$ 。岩石的实测强度是由宏观实测中得到的,微观的理论强度是由分子的结构中计算出来的,两者之间的差别极大,这一问题早被人们发现,但始终未能给予确切的解释。1920 年,Griffith 解释了存在这种差别的原因是材料中预先存在许多随机分布的微观裂纹,后来人们就把这种引起应力集中的裂纹称为 Griffith 裂纹。

8.2.4　断裂韧性

对含有宏观裂纹的构件来说,用什么指标作为材料抵抗裂纹失稳扩展(从而导致脆断)能力的度量呢? 对大量含裂纹构件脆断的事故分析和含裂纹试样的试验都表明:构件中的裂纹愈长(a 愈大),则裂纹前端应力集中愈大,使裂纹失稳扩展的外加应力(即断裂应力)愈小,即 $\sigma_c \propto \dfrac{1}{\sqrt{a}}$ 。另外,试验表明断裂应力也和裂纹形状、加载方式有关,即 $\sigma_c \propto \dfrac{1}{\sqrt{a} \cdot Y}$,其中 Y 是一个和裂纹形状及加载方式有关的量。对每一种特定工艺状态下的材料,$\sigma_c \cdot \sqrt{a} \cdot Y =$ 常数,它和裂纹大小、几何形状及加载方式无关,只和材料本身的成分、热处理和加工工艺有关,是材料的一种性能,称为断裂韧性,用 $K_{\mathrm{I}c}$ 来表示,即

$$K_{\mathrm{I}c} = \sigma_c \cdot \sqrt{a} \cdot Y \tag{8-20}$$

式(8-20)表明,如用含裂纹试样(试样 a 已知,对一定的试样 Y 也已知)做试验,测出裂纹失稳扩展所对应的应力 σ_c,代入式(8-20)就可测出此材料的 $K_{\mathrm{I}c}$ 值,由于 $K_{\mathrm{I}c}$ 是材料性能,故用试样测出的值就是实际含裂纹构件抵抗裂纹失稳扩展的 $K_{\mathrm{I}c}$ 值。因此,当构件中裂纹的形状和大小一定(即 $\sqrt{a} \cdot Y$ 一定)时,如此材料的断裂韧性值大,则按式(8-20)使裂纹快速扩展,从而构件脆断所需的应力也高,即构件愈不容易发生低应力脆断。反之,如构件在工作应力下脆断,$\sigma_{\mathrm{I}} = \sigma_c$,这时构件内的裂纹长度必须大于或等于式(8-20)所确定的临界值

$$a_e = (K_{\mathrm{I}c}/\sigma_{\mathrm{I}} Y)^2 \tag{8-21}$$

显然,当材料的 $K_{\mathrm{I}c}$ 愈高时,在相同的工作应力 σ_{I} 作用下,导致构件脆断的临界值 σ_c 就愈大,即可容许构件中存在更长裂纹。

总之,构件材料的 $K_{\mathrm{I}c}$ 愈高,则此构件阻止裂纹失稳扩展的能力就愈大,即 $K_{\mathrm{I}c}$ 是材料抵抗裂纹失稳扩展能力的度量,是材料抵抗低应力脆性破坏的韧性参数,故称为断裂韧性。

8.2.5　应力场强度因子和断裂韧性的关系

利用弹性力学的方法，可以求出裂纹前端内应力场的具体表达式。如图 8-7 所示，在试样中心有一个长为 $2a$ 的贯穿裂纹，外加拉应力和裂纹平面垂直。拉伸时，裂纹张开，称为张开型裂纹，延长线（即 x 轴上）上距裂纹尖端为 r 的 D 点处，沿 y 方向的正应力 σ_y 为

$$\sigma_y = K_{\mathrm{I}} / \sqrt{2\pi r} \tag{8-22}$$

$$K_{\mathrm{I}} = Y\sigma\sqrt{a} \tag{8-23}$$

式中，Y 是和裂纹形状、加载方式及试样类型有关的量，如对无限体中心贯穿裂纹，$Y = \sqrt{\pi}$，σ 是外加应力。裂纹尖端附近的其他应力分量和位移分量也可通过 K_{I} 用一简单公式来表达。

对于裂纹尖端前任意一点 D，其坐标 r 是已知的，故由式（8-22）可知，该点的内应力场 σ_y 的大小就完全由 K_{I} 来决定了。K_{I} 大，裂纹前端各点的应力场就大。K_{I} 控制了裂纹尖端附近的应力场，它是决定应力场强度的主要因素，故称 K_{I} 为应力场强度因子。

式（8-22）还表明，当 K_{I} 一定（外应力 σ 和裂纹长度 a 一定）时，σ_y 和 r（点的位置）的关系是一条双曲线，如图 8-7 所示，即愈接近裂纹尖端（r 愈小），则 σ_y 就愈大。这和愈接近裂纹尖端应力线愈密集，从而内应力愈大是一致的。

式（8-22）和式（8-23）表明，拉伸时随着外应力 σ 增大，裂纹前端应力场强度因子 K_{I} 不断增大，而裂纹前端各点的内应力场 σ_y 随 K_{I} 增大而增大。当 K_{I} 增大到某一临界值时，就能使裂纹前端某一区域内的内应力 σ_y 大到足以使材料分离，从而导致裂纹失稳扩展，试样断裂。裂纹失稳扩展的临界状态所对应的应力场强度因子称为临界应力场强度因子，用 $K_{\mathrm{I}C}$ 来表示，它就是材料的断裂韧性。

由式（8-23）可知，$K_{\mathrm{I}} = Y\sigma\sqrt{a}$，当外加应力 $\sigma = \sigma_c$，从而裂纹失稳扩展试样断裂时，就是临界状态，这时的应力场强度因子就是断裂韧性 $K_{\mathrm{I}c}$，故

$$K_{\mathrm{I}c} = Y\sigma_c\sqrt{a} \tag{8-24}$$

式（8-24）和式（8-20）是一致的。

因为断裂韧性 $K_{\mathrm{I}c}$ 是应力场强度因子 K_{I} 的临界值，故两者存在密切的联系，但其物理意义却完全不同。K_{I} 是裂纹前端内应力场强度的度量，它和裂纹大小、形状以及外加应力都有关，而断裂韧性 $K_{\mathrm{I}c}$ 却是材料阻止宏观裂纹失稳扩展能力的度量，它和裂纹本身的大小、形状无关，也和外加应力大小无关。$K_{\mathrm{I}c}$ 是材料固有的性能，材质的 $K_{\mathrm{I}c}$ 愈高，使裂纹失稳扩展的外加应力就愈大，即材料抵抗裂纹失稳扩展的阻力就愈大。

断裂力学可以把材质的抗裂纹扩展性能 $K_{\mathrm{I}c}$ 和构件内的裂纹尺寸 a 以及实际的断裂应力 σ_c 定量地联系起来。当通过尤损探伤知道了构件内裂纹的大小和位置后，根据材质的 $K_{\mathrm{I}c}$ 就可估算构件的断裂应力 σ_c，它就是构件的实际承载能力，或者根据缺陷大小以及工作应力可按式（8-23）算出裂纹前端的应力场强度因子 K_{I}，如 $K_{\mathrm{I}} < K_{\mathrm{I}c}$，则构件就是安全的，否则就有脆断的危险。

8.3　断裂韧度

20 世纪 70 年代以来，断裂力学已开始应用于岩石力学中，开始是应用断裂力学的试

验方法来研究岩石断裂的过程,以后大部分的研究者集中在想获得岩石断裂韧度。因此,目前岩石断裂力学的主要问题也是合理地确定岩石断裂韧度。

岩石断裂力学的理论和试验表明,岩石 K_{Ic} 确实存在。但至今国际上还没有一个岩石断裂韧度测试的统一规范。目前,岩石断裂韧度测试基本上是参照 ASTM – E399 进行的。按金属的测试规范来进行岩石断裂试验存在着明显的问题。岩石试件尺寸太小给试验带来困难,按金属规范在疲劳预裂中,当 $K_I / K_{Ic} \leqslant 0.6$ 时,几乎无法引发岩石裂纹的预裂,它常常要在 $K_I / K_{Ic} \leqslant 0.8 \sim 0.95$ 时才发生。试验前的裂纹长度(包括预裂部分)也往往小于 $(0.45 \sim 0.55)W$(试样宽度)范围。此外,岩石的均质性比金属差,天然岩石不仅有定向的构造裂隙,还有随机分布的节理和裂纹。岩石性状与地压因素关系密切,岩石是处于一定的地应力场中,在天然埋藏条件下还受到地下水、地温、热力成岩作用等的影响。因此,必须结合岩石破裂机理来研究岩石的断裂韧度。1984 年,国际岩石力学协会成立了岩石断裂韧度测试小组,着手制定岩石断裂韧度测试规范。

8.3.1　岩石的非均质性导致的尺寸效应

由于金属和陶瓷的晶粒为微米数量级,岩石的晶粒为毫米数量级,所以晶粒尺寸与试件尺寸必须保持一定关系,以满足均质性要求。因此,要求平均晶粒尺寸必须远远小于试件尺寸、裂纹尺寸。

8.3.2　试件的预制裂纹

在进行岩石断裂韧度 K_{Ic} 测试中,需要做一些其他力学性质的测定,如岩石颗粒直径、弹性模量、岩石的抗拉强度。

金属断裂试验是要求进行疲劳预裂的,但是经过疲劳预裂的岩石试件与不预裂的对比试验表明:预裂试件测得的断裂韧度值高于不预裂试件的断裂韧度。目前,较常采用的是将带切口的试样用加载单循环方法进行预裂,预裂后的试样再进行断裂试验,当试样加载至最大值后压力开始下降时,就进行卸载,这样加载与卸载数次也就可以获得数个视断裂韧度值 K_Q。在预裂试验中,临界荷载用降低 5% 的割线确定,用柔度法计算裂纹长度,在不预裂试验中通常采用初始切口深度 a_0 和载荷最大值 P_{max} 计算近似断裂韧度 K_m。在我国,大部分采用染色法来确定预裂试件中裂纹长度。

断裂力学就是研究裂纹在各种应力条件下能否扩张和怎样扩张,就是研究岩石及其他脆性材料的这种现象的问题。前者是通过研究材料中裂纹的扩张特性,确定材料的抗断裂能力,即确定材料的断裂韧性,后者则要了解裂纹扩张的全过程,确定这种裂纹扩张过程的条件及规律性,即裂纹扩张阶段、裂纹扩张方向、裂纹前缘的推进形式、裂纹扩张长度及止裂现象等。这些问题不是独立的,而是相互联系的。表征这些问题的重要监测手段就是声发射,特征点描述见表 8-1。

表 8-1　特征点的声发射描述

特征点	声发射特征	裂纹变形扩展特征	裂纹变形扩展阶段
a	开始有声发射	微断裂开始	第一阶段
b	声发射率突增,先波峰后波谷	稳定扩展点,变形率增大	第二阶段
c	声发射率又增,再形成波峰	处于极限荷载值附近,扩展显剧增加	
d	二级波峰后的小波谷	荷载缓慢下降,裂纹继续扩展	
e	声发射率达最大值	非稳定扩展点,扩展剧增形成宏观断裂	第三阶段
f	声发射率下降或略有下降	荷载缓慢下降,裂纹继续增长	第四阶段

8.3.3　影响岩石断裂韧度测试值的因素

岩石断裂韧度试验常用的装置有材料试验机、引伸计(位移传感器)、压力传感器、动态应变仪、记录仪。

岩石断裂试验表明,岩样不预裂时所得断裂韧度 K_m 值受切口深度影响。开始时 K_m 值随切口深度增加而增大,然后在某段切口深度范围内 K_m 值近似常数,当继续增加切口深度时,K_m 值则下降。因此,对某种尺寸的岩石试样来说,存在着某个切口比例区,在这个区间内断裂韧度是个常数,在这个区间外,所得的韧度值是无效的。不预裂试件所得断裂韧度值偏低。

干、湿试件和液体的化学成分在进行缓慢试验时(应力腐蚀影响),会明显影响岩石断裂韧度。

8.4　断裂准则

8.4.1　Griffith 脆性断裂理论

岩石的断裂机理与判据可以从微观、亚微观和宏观三方面进行研究。所谓微观就是涉及物体的终极结构单元发生相对运动时其内聚力的破坏。亚微观涉及颗粒及粒间界面这一水平上的破坏。宏观涉及肉眼可以看得见的破坏。

岩石微观、亚微观的断裂机制与判据不但与所处的应力状态有关,还与温度、化学作用、应力梯度、应变率及含水量、岩样的矿物组成及颗粒尺寸、岩样的几何形态等诸多因素有关,由于目前对这些因素研究得还不够,因此它们对岩石的断裂究竟产生怎样的影响,还有待进一步的研究。

岩石断裂的研究最早是从宏观开始的,但由于压力机刚度的提高,主断裂面的发展比较容易控制。由试验结果发现,对于许多岩石宏观主断裂发生在应力差达到极大值之后,在主断裂发生之前岩石内产生许多微破裂,且以张性破裂为主,很少甚至没有剪切破裂现象。而这些试验都不是由库仑—莫尔所提出的简单的剪切破裂机制所能解答的,于是出现了 Griffith 理论。

Griffith 理论通过对玻璃等脆性材料破裂过程的详细研究,提出了脆性材料的破坏是由存在于物体内部的众多的随机地分布于物体内部的微裂隙决定的,在外力作用下,微裂隙的尖端产生应力集中现象,引起微裂隙的不稳定扩张,最终导致岩石破坏。基于这一理由,提出了脆性材料的 Griffith 判据。

早在 1921 年 Griffith 根据微裂隙控制断裂和渐近破坏的概念,提出了 Griffith 脆性断裂破坏理论,为后人深入岩石的断裂破坏机理提供了一个重要途径。

8.4.2　Griffith 最大拉应力理论

把岩石的抗拉强度和抗压强度相比较,发现抗压强度远远大于抗拉强度,这就是脆性断裂的特性。Griffith 对这种脆性材料的破坏给予了详细的论述,他认为脆性材料的实际强度远低于理论强度的原因是,内部存在着许多微小的裂隙和不连续性,并假定这些微小的裂隙形状是椭圆形空隙,称为 Griffith 裂纹,在外力作用下则在裂纹周边引起应力集中,且集中于椭圆裂纹的曲率半径 ρ 最小的端部,且为拉应力。奥罗文于 1949 年对 Griffith 理论的解释是:当裂隙端部引起的拉应力一旦超过固体分子间的结合力时断裂就开始,从而这种裂隙就逐步扩展而形成各种各样的形状。

Griffith 于 1924 年获得计算裂纹端部的应力,虽然后来又有萨克、威廉斯、巴伦布拉特等也都对裂隙周围的应力进行了更精确的计算,但 Griffith 所获得的成果足以用来判断大多数实际岩石的断裂问题。

$$n\sigma_\beta = \frac{-(\sigma_1 - \sigma_3)^2}{4(\sigma_1 + \sigma_3)} \tag{8-25}$$

式中　σ_β——椭圆边界上最大的切向应力值;

　　　n——裂纹形状参数。

如果脆性材料的断裂是由于拉应力等于分子间的结合力时所引起的,那么式(8-25)在 $\sigma_1 + 3\sigma_3 \geq 0$ 时条件下就能表示脆性材料的断裂准则。

式(8-25)中的 σ_β 和 n 不能用物理方法直接测得,只能在实验室里求出它们的乘积,即可用单轴抗拉强度 R_t 来代替。

8.4.2.1　单轴拉伸应力状态下的裂纹扩展

对单轴拉伸来说,$\sigma_1 = 0$,$\sigma_3 < 0$,裂纹的方位满足

$$n\sigma_\beta = -2R_t \tag{8-26}$$

因此式(8-25)的断裂发生条件为

$$\frac{(\sigma_1 - \sigma_3)^2}{\sigma_1 + \sigma_3} = 8R_t \tag{8-27}$$

此外,式(8-27)也只能在 $\sigma_1 + 3\sigma_3 \geq 0$ 的条件下才能成立。此时,破坏面垂直于 σ_3 的方向,即裂纹扩展方向垂直于拉应力。

8.4.2.2　单轴压应力状态下裂纹的断裂

如果令式(8-25)中的 $\sigma_3 = 0$,$\sigma_1 = R_c$,这种断裂的发生条件是

$$R_c = 8R_t \tag{8-28}$$

该式表示单轴抗压强度 σ_1 为 σ_t 的 8 倍。此时,其裂纹扩展方向与二维状态时一样,开始时倾斜于压应力,但发展到后期将与压应力平行。

上述的 Griffith 理论对张开型裂纹无疑是正确的,但在压应力状态下裂纹将闭合,对于这点 Griffith 理论并未考虑到,也就是说,只有在张开型裂纹的条件下,上述的 Griffith 理论才被认为是妥当的。

8.4.2.3　二维应力状态下裂纹的扩展

在二维应力状态下,即 $\sigma_1 > \sigma_3 \neq 0$,得

$$\cos2\beta = \frac{\sigma_1 - \sigma_3}{2(\sigma_1 + \sigma_3)} \tag{8-29}$$

因为假定断裂将发生在裂纹的边界上,最大拉应力超过材料的局部拉伸强度时,认为断裂将向椭圆边界的法线方向扩展。直角坐标系中椭圆长轴(长轴为 a,短轴为 b,$n = b/a$)在 x 轴方向上。因此,椭圆曲线的参数方程为

$$\left.\begin{aligned} y &= a\cos\alpha \\ x &= b\sin\alpha = an\sin\alpha \end{aligned}\right\} \tag{8-30}$$

而椭圆上经过点 (x_1, y_1) 的切线方程,在图 8-9 的情况下

$$f'(y_1) = -\frac{\mathrm{d}x}{\mathrm{d}y} \tag{8-31}$$

而法线方向 $\tan\gamma = \dfrac{\mathrm{d}y}{\mathrm{d}x}$,将椭圆曲线参数方程的 $\mathrm{d}y, \mathrm{d}x$ 代入

$$\tan\gamma = \frac{-a\sin\alpha\mathrm{d}\alpha}{an\cos\alpha\mathrm{d}\alpha} \tag{8-32}$$

所以

$$\tan\gamma = -\frac{\tan\alpha}{n} \tag{8-33}$$

当 α 很小时,$\tan\alpha = \alpha$,所以

$$\tan\gamma = -\frac{\alpha}{n} \tag{8-34}$$

由

$$\sigma_\alpha = \frac{2(n\sigma_y + \alpha\tau_{xy})}{n^2 + \alpha^2} \tag{8-35}$$

令 $\dfrac{\mathrm{d}\sigma_\alpha}{\mathrm{d}\alpha} = 0$,得

$$\sigma_y = \frac{n^2 - \alpha^2}{2n\alpha}\tau_{xy} \tag{8-36}$$

代入式(8-35)中得

$$\sigma_\alpha = \frac{\tau_{xy}}{\alpha} \tag{8-37}$$

就有

$$\alpha = \frac{\tau_{xy}}{\sigma_\alpha} \tag{8-38}$$

将式(8-27)、式(8-29)、式(8-33)及 $\tau_{xy} = \dfrac{1}{2}(\sigma_1 - \sigma_3)\sin2\beta$ 和 $\sigma_\alpha = \dfrac{2R_t}{n}$,同时代入

式(8-38)，经整理后得

$$\tan\gamma = -\tan2\beta \tag{8-39}$$

所以 $\gamma = -2\beta$ 或 $\gamma = 180° - 2\beta$。此处 γ 为裂纹的断裂角，就是与裂纹长轴间所形成的夹角，β 为裂纹的方位角，即裂纹长轴与主应力间的夹角，见图 8-9。

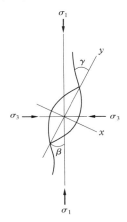

图 8-9　压应力状态下的裂纹扩展

　　由此证明原裂纹的断裂扩展方向将与原裂纹长轴成 γ 角，同时斜交于最大主应力方向，但发展到最后将与最大主应力平行，所以似乎最终将引起劈裂破坏。当然，这里有一个前提，就是原裂纹从开始断裂到断裂终了都是张开型的，因此在二维应力状态下，$\sigma_1 > \sigma_3 > 0$，不总是张开型的。

　　另一种情况，就是当压应力逐渐增大时可能引起裂纹的闭合，裂纹面之间互相接触时必然会产生摩擦，这种摩擦力恰恰是 Griffith 脆性断裂理论没有注意的问题，尤其在压应力的情况下，除非裂纹的几何形状直到开始断裂时都保持不变，否则裂纹就可能发生闭合，闭合就会产生摩擦。这样，在裂纹扩展前就必须克服由裂纹面间的接触而产生的摩擦力。不考虑这点就欠妥当，在这种闭合状态下则只能用修正的 Griffith 理论来解决。

本章小结

　　本章以岩石裂纹的起裂与传播为切入点，介绍了断裂力学的理论基础，阐述了断裂韧度的概念、断裂韧度测试值的影响因素，详细阐述了岩石断裂准则，包括 Griffith 脆性断裂理论及 Griffith 最大拉应力理论。

思考题

1. 断裂力学的任务是什么？
2. 裂纹对材料强度有何影响？
3. 裂纹的扩展方式有几种？各有何特点？

4. 何谓 Griffith 理论?

5. 何谓断裂韧度? 其影响因素有什么?

6. 何谓应力集中?

7. 何谓应力强度因子?

第 9 章　岩石损伤力学

岩体中存在大量节理裂隙等结构面,多裂隙岩体力学性质的研究是岩石力学领域的重要课题。损伤力学是从微观缺陷研究开始来深入研究介质力学性态的一门科学,它能考察多相的、非均质的、含有损伤演化的、经过某种力学平均的介质,将损伤力学研究方法引入岩石力学中,可为多裂隙岩石力学性质的研究提供新的途径。

9.1　损伤力学基础

9.1.1　损伤力学的基本概念

损伤是指材料在一定应力状态下,其力学性能的劣化。如材料内微裂纹的萌生和扩展,内黏聚力的进展性减弱等。损伤并不是一种独立的物理性质,它是作为一种"劣化因素"被结合到弹性、塑性、黏弹性介质中的。材料的损伤是一种客观事实,损伤则作为一种"劣化因素"被提出来。

损伤力学是研究材料从原生缺陷到形成宏观裂纹直至断裂的全过程,也就是通常指的微裂纹的萌生、扩展或演变,体积元的破坏,宏观裂纹的形成、扩展直至失稳的全过程。损伤力学把材料的微裂纹或结构的演变看作是材料力学性能的劣化,从而把这一性质结合到材料的力学性能上。所以,损伤力学依然依据材料连续性的基本假设。材料的损伤是材料内部结构的演变,同时伴随着能量的转换。损伤过程是不可逆过程。损伤力学的理论基础是连续介质力学和热力学。

损伤力学首先是从金属材料受拉构件的变形破坏研究中提出的。1958 年,Kachanov在研究金属的蠕变破坏时,第一次提出了连续性变量和有效应力的概念。后来,Raboton提出了损伤因子的概念,并初步描述了材料的损伤过程,为连续损伤理论的形成与发展奠定了基础。法国 Lemaitre、英国 Leekie、瑞典 Hult、日本村上澄男(Murakami)和大野信忠(Ohno)等都为损伤力学的发展做出了贡献。

9.1.2　损伤的定义

目前常用的损伤定义有以下几种:

(1)损伤变量是裂纹和孔洞的表面密度,即

$$D = 1 - \frac{A^*}{A} \tag{9-1}$$

式中　A^*——材料的有效面积;

　　　A——材料未受伤面积。

(2)由弹性模量定义,即

$$D = 1 - \frac{E^*}{E} \tag{9-2}$$

式中　E^*——损伤材料的有效杨氏弹性模量。

（3）损伤率是损伤情况下和未发生损伤情况下应变值的比率，即

$$D = 1 - \frac{\varepsilon^*}{\varepsilon} \tag{9-3}$$

（4）由质量密度定义，即

$$D = 1 - \frac{\rho^*}{\rho_0} \tag{9-4}$$

式中　ρ^*——损伤材料的质量密度；

　　　ρ_0——未损伤状况下的初始密度。

9.1.3　损伤的类型

在不同条件下，材料的损伤可以有很多种类型，在不同的荷载状况下，会产生不同类型、不同表现形式的损伤。如果以产生损伤的加载过程来区分，可分为以下几类：

（1）延性、塑性损伤。延性、塑性损伤中微孔洞和微裂纹的形成和扩展使材料或构件产生大的塑性应变，最后导致塑性断裂。因此，与这类损伤相伴发生的是不可恢复的塑性变形。这类损伤的表现形式主要为微孔洞及微裂纹的萌生、成长和聚合，主要发生于金属等塑性材料。

（2）蠕变损伤。在长期载荷作用或高温环境下，伴随着蠕变变形，会发生蠕变损伤，其宏观表现形式为微裂纹、微孔洞的扩展，使得材料的耐久性下降。蠕变损伤使蠕变变形增加，最后导致材料的蠕变断裂。

（3）疲劳损伤。在循环荷载作用下，材料性能逐渐劣化。在每一步荷载循环中的延脆性损伤累积起来，使材料的寿命减少，导致疲劳破坏。

（4）动态损伤。在动态载荷如冲击荷载作用下，材料内部会有大量的微裂纹形成、扩展。这些微裂纹的数目非常多，但一般得不到很大的扩展。但当某一截面上布满微裂纹时，断裂就会发生。

9.1.4　损伤的扩展

损伤从开始扩展到严重损伤（材料失效）的发展过程，可以用损伤演化方程描述。损伤是否开始扩展，由其起始判据确定。损伤材料何时失效，由严重损伤判据确定。损伤演化方程，通过拟合试验曲线的方法来建立。

例如，根据混凝土受拉时变形曲线建立的 Loland 模型，认为初始损伤 $\Omega_0 \neq 0$，加载后损伤即发展，并且在载荷达到最大表观应力（峰值）S_0 前后，有效应力有如下关系：

$$\left. \begin{array}{l} \varepsilon \leqslant \varepsilon_c, \sigma^n = \dfrac{E\varepsilon}{1 - \Omega_0} \\[2mm] \varepsilon > \varepsilon_c, \sigma^n = \dfrac{E\varepsilon_c}{1 - \Omega_0} \end{array} \right\} \tag{9-5}$$

式中　ε_c——峰值时的极限应变大小。

由有效应力原理得

$$\left.\begin{array}{l} \varepsilon \leqslant \varepsilon_{\mathrm{c}}, \sigma = \dfrac{E\varepsilon(1-\Omega)}{1-\Omega_0} \\[3mm] \varepsilon > \varepsilon_{\mathrm{c}}, \sigma = \dfrac{E\varepsilon_{\mathrm{c}}(1-\Omega)}{1-\Omega_0} \end{array}\right\} \tag{9-6}$$

这样,根据试验曲线,可以拟合损伤变量演化方程:

$$\left.\begin{array}{l} \varepsilon \leqslant \varepsilon_{\mathrm{c}}, \Omega = \Omega_0 + C_1 \varepsilon^{\beta} \\[2mm] \varepsilon > \varepsilon_{\mathrm{c}}, \Omega = \Omega_0 + C_2(\varepsilon - \varepsilon_{\mathrm{c}}) \end{array}\right\} \tag{9-7}$$

9.2　损伤力学在岩石力学中的应用

9.2.1　损伤力学在岩石力学中应用的现状

在实际岩体中存在着不同量级的结构与构造面。对于大的断层、岩层层面,可在岩体结构模型中反映出来。对于相对岩体工程结构而言较小的,且均匀、随机分布的微裂纹,可以在等效的岩体力学参数中反映出这些微裂纹的作用。而对于成组分布的节理裂隙,它们对岩体性质的影响,一直缺少有效的计算处理方法。损伤力学的研究,为此提供了有效的工具。将损伤理论应用于岩体力学,主要需解决如下几个方面的问题:

(1)岩体节理裂隙的统计。

(2)剪应力状态下,节理面闭合和摩擦作用对损伤变量的影响。

(3)如何确定损伤演变方程。

近年来人们主要探讨的也就是上述几个方面的问题。

如何确定节理岩体的强度,一直是长期困扰岩石力学界的一个难题,应用损伤力学描述节理裂隙对岩体的弱化作用在一定程度上解决了这一问题,而且具有如下优点:①应用损伤张量反映节理裂隙的弱化作用,可以获得因存在节理而造成的岩体的各向异性;②借助于节理面构造的张量描述,可将岩体的几何特性与力学特性联系起来,这为岩体强度的预测打下了理论基础;③由岩体的损伤预测岩体的强度,无需进行大规模试验,只需知道节理的特性和完整岩体的力学特性,即可预测岩体的强度,这为解决岩体力学中的尺寸效应问题提供了可能。但也应指出:损伤力学作为一种处理节理的力学方法尚不十分完善,还有待发展。所以,实际节理岩体的强度试验是必要的。

节理裂隙的存在实际上对岩体的应力场造成两方面的影响:①因节理断面有效面积的减少,造成同一断面实际受力面积上应力的增大;②在节理裂隙端部形成局部应力集中。目前损伤力学一般仅考虑第一种效应,而忽略第二种效应(这一效应正是断裂力学研究的中心问题)。可见,这种处理方法是有条件的,即仅在孔洞型的缺陷、韧性材料等条件下是合理的,而对于脆性材料的岩体和节理裂隙尚需进一步考虑第二种效应。所以,损伤力学与断裂力学相结合是十分必要的。

9.2.2　岩石损伤的微观因素

在荷载作用下岩石发生的物理现象首先是变形,随着作用载荷的增加,其变形量也增加,当载荷达到一定数量后,就会导致岩石的破坏。以上描述了岩石的宏观破坏过程,然而要对该过程进行实质描述,就必须从细观上进行分析。岩石的细观组织结构的表述如图 9-1 所示。

图 9-1　岩石的细观组织结构

岩石中自然存在着微孔隙和微裂纹,因此,岩石是一种自然损伤材料。

受载岩石在超过弹性极限后表现出明显的非弹性变形。造成岩石非弹性变形的主要或间接原因可以认为有如下几种:

(1)岩石中的微裂纹与微孔隙压密后重新张开和扩展。

(2)岩石中微缺陷造成局部应力集中。

这些因素在微观上描述并不总是一致的,这与各自的观察技术和设备有关,然而几个一致的结论可以表述如下:

(1)微裂纹的尺寸。在光学显微镜下观察到的岩石微裂纹的尺寸大约与晶粒尺寸是同数量级的,而在电子显微镜下观察到的微裂纹的尺寸是晶粒尺寸的 1/10 左右。在弹性变形的初始阶段主要是沿晶界破裂,即微裂纹基本上沿晶界边缘分布。在一些结构松散的岩石中,如红砂岩几乎有 30% 左右的晶粒边界上和结晶面上存在大量的微孔洞,这些孔洞在低应力下就可以产生应力集中而相互贯通,形成穿晶断裂裂纹,这样在变形过程中岩体的微裂纹尺寸可认为与晶粒尺寸同一量级。

(2)微裂纹的方位。微裂纹具有一定的方向性,它是宏观上压、张、扭性结构所具有的各种形态特征有机地结合在一起的综合反映,是应力作用的产物。在单轴压缩下,轴向裂纹是占主导的。在非弹性变形初期,增加的微裂纹与加载轴向成 15° ~ 30°,而在非弹性变形中期至后期,微裂纹趋向于轴向发展,裂隙在轴向相互贯通,发展成几条轴向亚微长裂纹,而亚微长裂纹延伸方向以外的其他微裂纹却不再变化了,例如砂岩在单轴应力作用下,所形成的微裂纹大多向轴向应力方向靠近。

(3)微裂纹的分布密度。岩石内部原始地随机分布大量的微裂纹,且其长度大多小于 0.5 mm,随着轴向压应力的不断增加,其内部不同长度范围内的微裂纹数目具有不同程度的增加,且其增加速度越来越快。研究表明:随轴向应力的不断增加,与轴向应力方向较小角的微裂纹数目的增加速度较之与轴向应力方向较大角度的微裂纹数目的增加速度要快得多,由此可以进一步推证:随着轴向应力的不断增加,其内部所产生的大量微孔洞几乎都是平行于轴向应力方向的。对于存在宏观裂纹的岩石,在受载下,宏观裂纹尖端将产生一个微裂纹网络(或者说损伤区),随着荷载的增加,微裂纹网络增大,微裂纹的分叉也不断增加。

以上可以看到,岩石非弹性变形和破坏微观特性最主要体现在:微裂纹尺寸同晶粒同量级;轴向微破裂是占主导的,是应力作用的产物;几乎没有宏观塑性区形成。根据这些微观试验的观察结果,在建立岩石损伤模型时,可以认为:

(1)岩石损伤可认为是弹性损伤(无塑性损伤)。

(2)损伤演化应是应力—应变状态的函数。

9.3　基于裂纹应力场的岩石损伤理论

通过分析金属材料与岩体损伤的差别,论证了几何损伤理论应用岩体损伤分析所存在的问题,提出了依据裂纹应力场的岩体损伤力学学术思想;以平面裂纹问题为例建立了岩体损伤面积等概念。

9.3.1　几何损伤理论应用于裂隙损伤岩体存在的问题

一种损伤力学理论是否能有效地应用于裂隙岩体,关键就在于其损伤变量的确定方法是否合理,或者说,损伤变量的概念是否合理。如前一节所述,在几何损伤理论中,损伤变量 Ω 被定义为:材料截面上损伤面积与截面全面积之比。这一概念最初是在金属拉伸杆件的蠕变断裂研究中提出的。对于金属材料应用这一概念求"有效应力",其损伤变量的概念比较合理,求得的有效应力也是有效的。这种合理性的基础,就在于金属材料的损伤主要是由"缺陷"产生的。金属材料的缺陷相对比较小,而且密,分布也较为均匀,且缺陷多孔洞型。而岩体与金属材料有很大的不同,岩体中的裂隙是造成岩体损伤的最主要因素,裂隙一般成组分布,有较大延展长度(如有 $1\sim2$ m 长的裂隙),裂隙的间距相对也较大。既然岩体与金属材料的损伤有这么大的差别,那么原来的损伤变量的概念和有效应力的求法是否还能适用呢? 需要进一步探讨。

在拉应力或剪应力作用下,岩体的裂隙周围必然产生一个局部应力场,其突出特征是:在裂隙端部产生应力集中,而裂隙面两侧则应力减小。既然岩体裂隙周围的应力场是极其不均匀的,那么,如果按原来的方法,由损伤变量求有效应力,求出的有效应力并不能代表裂隙两端的应力。这种"有效应力"只能是岩体宏观上的一种"平均应力"。由这种"平均应力"求岩体的变形是比较合理的。

几何损伤力学应用于裂隙岩体存在以下三个方面问题:

(1)断面上的实际面积难以测定。

与金属材料中的缺陷、孔洞、密集分布的细小裂纹不同,岩体中的节理裂隙成组分布,厚度小,平面面积较大,且成一定的分布密度。如果平行于节理面,在岩体中任选一断面,测试断面上裂隙面所占面积与剩余的实际面积,由于测试断面无厚度,而节理裂隙面在其法线方向上又是随机分布的,所以在理论上或在工程实践中,都很难测试出某一断面的裂隙所占面积或剩余的实际面积。

（2）几何损伤力学定义的损伤变量不能全面反映岩体的损伤程度。

如果按川本最初引用的方法确定损伤变量 Ω,即某截面的裂隙面积 S_c 与截面全面积 S_0 之比（$\Omega = S_c/S_0$）,则存在如下问题:如图 9-2 所示的节理岩体,假设裂隙为均匀分布,若按平面应力问题,则 $\Omega = S_c/S_0$,裂纹的法向间距 l 的大小实际上也是反映岩体损伤程度的一个重要参数,而 Ω 中却体现不出来,可见几何损伤理论所定义的损伤变量 Ω 并没有全面反映岩体的损伤程度。

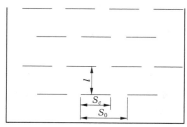

图 9-2　损伤岩体示意图

（3）几何损伤力学未考虑裂隙周围的局部应力场。

此外,川本的方法仅考虑了裂隙面的存在对其法向应力的影响,而没有考虑裂隙面的两侧形成的其他应力,如平面裂隙问题,法向拉应力状态下,在裂隙面两侧形成的 σ_x 和 τ_{xy}。

9.3.2　依据裂纹应力场的岩体损伤力学的学术思想

针对几何损伤力学应用于裂隙岩体所存在的问题,提出了依据裂纹应力场的岩体损伤力学的学术思想。简单地说,首先裂隙的存在产生局部应力场,若是在法向拉应力状态下,则裂隙两侧形成法向拉应力降低区,该区域减少的应力都完全转移到裂隙两端的区域。这样,对于应力场来说,则是局部应力降低造成其相邻区域应力增大。对于应变场来说,由于裂隙的变形和两端区域应力的增加,使得整体变形增加,相当于材料的刚度降低。根据上述分析,只要求得了裂隙两侧应力降低区的应力减少量,就等于知道了应力集中区的应力增加量。把应力增加量除以承载面积则等于增大后的材料的"有效应力"。

9.3.3　平面裂纹问题有效应力的计算方法

（1）平面裂纹应力场。

对于平面应力应变问题,图 9-3（a）所示裂纹处于法向拉伸应力场中,裂纹周围的应力场见式（9-8）。图 9-3（b）所示的剪应力状态下,裂纹的周围应力场见式（9-9）。

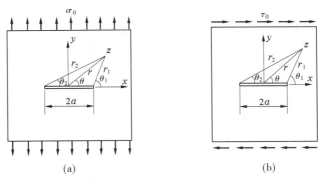

图 9-3   平面裂纹问题示意图

$$\sigma_x = -\sigma_0 \frac{r}{a}\left(\frac{a^2}{r_1 r_2}\right)^{\frac{3}{2}}\sin\theta\sin\frac{3}{2}(\theta_1 + \theta_2) - \sigma_0\left[1 - \frac{r}{(r_1 r_2)^{\frac{1}{2}}}\cos\left(\theta - \frac{\theta_1 + \theta_2}{2}\right)\right]$$

$$\sigma_y = \sigma_0 \frac{r}{a}\left(\frac{a^2}{r_1 r_2}\right)^{\frac{3}{2}}\sin\theta\sin\frac{3}{2}(\theta_1 + \theta_2) + \sigma_0 \frac{r}{(r_1 r_2)^{\frac{1}{2}}}\cos\left(\theta - \frac{\theta_1 + \theta_2}{2}\right)$$

$$\tau_{xy} = \sigma_0 \frac{r}{a}\left(\frac{a^2}{r_1 r_2}\right)^{\frac{3}{2}}\sin\theta\sin\frac{3}{2}(\theta_1 + \theta_2)$$

$$\left.\right\} \quad (9\text{-}8)$$

$$\sigma_x = 2\tau_0 \frac{r}{(r_1 r_2)^{\frac{1}{2}}}\sin\left(\theta - \frac{\theta_1 + \theta_2}{2}\right) - \tau_0 \frac{r}{a}\left(\frac{a^2}{r_1 r_2}\right)^{\frac{3}{2}}\sin\theta\cos\frac{3}{2}(\theta_1 + \theta_2)$$

$$\sigma_y = \tau_0 \frac{r}{a}\left(\frac{a^2}{r_1 r_2}\right)^{\frac{3}{2}}\sin\theta\cos\frac{3}{2}(\theta_1 + \theta_2)$$

$$\tau_{xy} = \tau_0 \frac{r}{(r_1 r_2)^{\frac{1}{2}}}\cos\left(\theta - \frac{\theta_1 + \theta_2}{2}\right) - \tau_0 \frac{r}{a}\left(\frac{a^2}{r_1 r_2}\right)^{\frac{3}{2}}\sin\theta\cos\frac{3}{2}(\theta_1 + \theta_2)$$

$$\left.\right\} \quad (9\text{-}9)$$

（2）平面裂纹法向拉应力问题有效应力的求解方法。

设有一平面裂纹,长度为 $2a$,外应力场为单轴拉应力,方向沿裂纹的法向,设裂纹周围的应力降低区为 S,如图 9-4 所示。

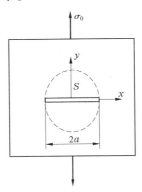

图 9-4   裂纹周围应力降低区示意图

那么,应力降低区内的应力减少量对面积的积分为

$$q_{xy} = \iint\limits_{S} (\sigma_0 - \sigma_y) \mathrm{d}S \quad (\sigma_y < \sigma_0) \tag{9-10}$$

q_{xy} 的值显然与 σ_0 成正比,与裂纹长度的平方成正比。

令

$$q_{xy} = \sigma_0 \cdot \pi a^2 \cdot C_{22}$$

所以

$$C_{22} = \frac{1}{\pi a^2 \sigma_0} \iint\limits_{S} (\sigma_0 - \sigma_y) \mathrm{d}S \tag{9-11}$$

C_{22} 的大小与外应力场的 σ_0、裂纹的尺寸、材料力学性质无关。C_{22} 是仅取决于裂纹周围 σ_x/σ_y 分布的一个常数,故称为裂纹应力常数。

如果在 S_0 的面积区域内分布着 n 个裂隙,裂隙的长度为 $2a_i$,则 n 个裂隙的应力降低区内的应力减少量对面积积分的总和为

$$Q_{xy} = \sum_{i=1}^{n} q_{xy} = \sigma_0 C_{22} \sum_{i=1}^{n} \pi a_i^2 \tag{9-12}$$

可以认为,应力降低区的应力减少量对于面积的积分总和等于应力增大区的应力增加量对于面积的积分总和。如果把 Q_{xy} 除以总面积 S_0,就等于把应力增加量在整个 S_0 面积区域求平均值。也就是说,Q_{xy}/S_0 是由于裂纹的存在引起的 σ_{xy} 在 S_0 上的平均增加量,若再除以 σ_0,即 $Q_{xy}/(S_0\sigma_0)$ 是 σ_{xy} 在 S_0 区域上的平均增加率。

令

$$K_{22} = \frac{Q_{xy}}{\sigma_0 S_0} = C_{22} \cdot \frac{1}{S_0} \sum_{i=1}^{n} \pi a_i^2 \tag{9-13}$$

式中　K_{22}——应力增加系数。

令

$$P_S = \frac{1}{S_0} \sum_{i=1}^{n} \pi a_i^2 \tag{9-14}$$

由式(9-14)可知,P_S 仅与裂隙的尺寸和分布密度有关,它反映了材料的损伤程度,P_S 称为损伤面积特征参数。把式(9-14)代入式(9-13),则有

$$K_{22} = C_{22} P_S \tag{9-15}$$

式(9-15)的意义为:应力增量系数等于裂纹应力常数乘以损伤面积特征参数。

根据前面的讨论,S_0 面积上的有效应力为

$$\sigma_{22} = (1 + K_{22}) \sigma_0 \tag{9-16}$$

再由损伤变量的定义可知

$$\sigma_{22} = \frac{\sigma_0}{1 - \Omega_{22}} \tag{9-17}$$

所以

$$\Omega_{22} = \frac{K_{22}}{1 + K_{22}} \tag{9-18}$$

该式反映了应力增量系数与损伤变量的关系。

在法向拉应力作用下,裂纹周围还产生了 σ_x 和 τ_{xy} 两应力分量。按照与前面相同的方法,可求出 σ_x 和 τ_{xy} 所对应的裂纹应力常数。

$$C_{11} = \frac{1}{\pi a_i^2 \sigma_0} \iint_S \sigma_x \mathrm{d}S \quad (\sigma_x < 0) \tag{9-19a}$$

$$C_{12} = \frac{1}{\pi a_i^2 \sigma_0} \iint_S \tau_{xy} \mathrm{d}S \quad (\tau_{xy} < 0) \tag{9-19b}$$

σ_x 和 τ_{xy} 在 S_0 面积区域上应力增量系数为

$$K_{11} = C_{11} P_s \tag{9-20a}$$
$$K_{12} = C_{12} P_s \tag{9-20b}$$

σ_x 和 τ_{xy} 在 S_0 面积区域上的有效应力为

$$\sigma_{11} = K_{11} \tau_0 \tag{9-21a}$$
$$\sigma_{12} = K_{12} \tau_0 \tag{9-21b}$$

（3）平面裂纹切向剪应力问题有效应力的求解方法。

平面裂纹切向剪应力问题如图 9-3(b) 所示。按照与平面裂纹法向拉应力问题完全相同的思路和方法分别求裂纹应力常数、应力增量系数和有效应力如下

$$\left.\begin{array}{l} C_{11} = \dfrac{1}{\pi a_i^2 \sigma_0} \iint_S \sigma_x \mathrm{d}S \quad (\sigma_x < 0) \\[3mm] C_{22} = \dfrac{1}{\pi a_i^2 \tau_0} \iint_S \sigma_y \mathrm{d}S \quad (\sigma_y < 0) \\[3mm] C_{12} = \dfrac{1}{\pi a_i^2 \tau_0} \iint_S (\tau_0 - \tau_{xy}) \mathrm{d}S \quad (\tau_{xy} < \tau_0) \end{array}\right\} \tag{9-22}$$

$$\left.\begin{array}{l} K_{11} = C_{11} P_s \\ K_{22} = C_{22} P_s \\ K_{12} = C_{12} P_s \end{array}\right\} \tag{9-23}$$

$$\left.\begin{array}{l} \sigma_{11} = K_{11} \tau_0 \\ \sigma_{22} = K_{22} \tau_0 \\ \sigma_{12} = (1 + K_{12}) \tau_0 \end{array}\right\} \tag{9-24}$$

式(9-22)中的 C_{11}、C_{22}、C_{12} 是在切向剪应力状态下的裂纹应力常数，式(9-23)中的 K_{11}、K_{22}、K_{12} 则是应力增量系数，σ_{11}、σ_{22}、σ_{12} 则是由剪应力 τ_0 作用下产生的有效应力。P_s 为 S_0 面积区域内的损伤面积特征参数，见式(9-14)。

9.3.4　三维裂纹问题有效应力的计算方法

9.3.4.1　法向拉应力裂纹问题

如图 9-5 所示，材料有一圆盘形裂纹，裂纹半径为 a，外应力场为一法向拉应力。该问题属于轴对称的三维弹性力学问题。该问题的解是由英国数学力学家 Sneddon 于 20 世纪 40 年代求得的，他应用 Hankel 积分变换的方法求出了应力解。

按照与平面裂纹法向拉应力问题相同的思路，求裂纹应力常数、应力增量系数和有效应力。计算公式如下：

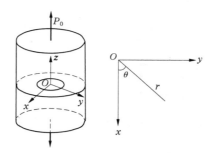

图 9-5　受法向正应力的三维裂纹问题

$$
\left.
\begin{aligned}
C_{11} &= \frac{3}{4\pi a_i^3 P_0} \iiint\limits_V \sigma_x \mathrm{d}V \\[6pt]
C_{22} &= \frac{3}{4\pi a_i^3 P_0} \iiint\limits_V \sigma_y \mathrm{d}V \\[6pt]
C_{33} &= \frac{3}{4\pi a_i^3 P_0} \iiint\limits_V (P_0 - \sigma_x) \mathrm{d}V \quad (\sigma_x < P_0) \\[6pt]
C_{12} &= \frac{3}{4\pi a_i^3 P_0} \iiint\limits_V \tau_{xy} \mathrm{d}V \\[6pt]
C_{23} &= \frac{3}{4\pi a_i^3 P_0} \iiint\limits_V \tau_{yz} \mathrm{d}V \\[6pt]
C_{31} &= \frac{3}{4\pi a_i^3 P_0} \iiint\limits_V \tau_{xz} \mathrm{d}V
\end{aligned}
\right\}
\tag{9-25}
$$

$C_{ij}(i,j=1,2,3,\cdots)$ 为裂纹应力常数。但这里的 C_{ij} 与平面裂纹问题有所不同,其与材料的泊松比 μ 有关。

若在 V_0 体积范围内有 n 个半径为 a_i 的裂纹,定义损伤体积特征参数 P_V 为

$$
P_V = \frac{1}{V_0} \sum_{i=1}^{n} \frac{4}{3}\pi a_i^2 \tag{9-26}
$$

根据裂纹应力常数和损伤体积特征参数,则应力增量系数为

$$
K_{ij} = C_{ij} P_V \quad (i,j = 1,2,3) \tag{9-27}
$$

有效应力则为

$$
\sigma_{ij} = (\delta_{i3}\delta_{j3} + K_{ij}) P_0 \tag{9-28}
$$

$$
\delta_{ij} = \begin{cases} 1 & (i = j) \\ 0 & (i \neq j) \end{cases} \tag{9-29}
$$

9.3.4.2　切向剪应力裂纹问题的解与裂纹应力常数

如图 9-6 所示,材料中有一圆盘形裂纹,裂纹半径为 a,裂纹处于切向剪应力状态。该问题可分解为问题 Ⅰ 和问题 Ⅱ,而整个切向剪应力裂纹问题的解是问题 Ⅰ 和问题 Ⅱ 的解的叠加。

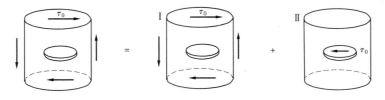

图 9-6　切向剪应力裂纹问题的分解图

与法向拉应力裂纹问题相类似,可求出各应力分量所对应的各个裂纹应力常数。

$$
\left.
\begin{aligned}
C'_{11} &= \frac{3}{4\pi a_i^3 \tau_0}\iiint_V \sigma_x \mathrm{d}V \\
C'_{22} &= \frac{3}{4\pi a_i^3 \tau_0}\iiint_V \sigma_y \mathrm{d}V \\
C'_{33} &= \frac{3}{4\pi a_i^3 \tau_0}\iiint_V \sigma_z \mathrm{d}V \\
C'_{12} &= \frac{3}{4\pi a_i^3 \tau_0}\iiint_V (-\sigma_{xy}) \mathrm{d}V \\
C'_{23} &= \frac{3}{4\pi a_i^3 \tau_0}\iiint_V (-\sigma_{yz}) \mathrm{d}V \\
C'_{31} &= \frac{3}{4\pi a_i^3 \tau_0}\iiint_V (-\sigma_{xz}) \mathrm{d}V
\end{aligned}
\right\}
\tag{9-30}
$$

设 V_0 体积内分布着 n 个半径分别是 a_i 的圆盘裂纹,则材料的损伤体积特征参数 P_V 为

$$
P_V = \frac{1}{V_0}\sum_{i=1}^{n}\frac{3}{4}\pi a_i^2
\tag{9-31}
$$

那么应力增量系数为

$$
K_{ij} = C_{ij}P_V \quad (i,j = 1,2,3)
\tag{9-32}
$$

有效应力为

$$
\sigma_{ij} = (\delta_{i3}\delta_{j3} + K_{ij})\tau_0 \quad (i,j = 1,2,3)
\tag{9-33}
$$

本章小结

　　本章在介绍了损伤力学的基本概念、损伤的定义、损伤的类型、损伤的扩展等内容的基础上,阐述了损伤力学在岩石中应用的情况,详细阐述了基于裂纹应力场的岩石损伤理论,包括依据裂纹应力场的岩石损伤力学的学术思想、平面裂纹问题有效应力的计算方法等。

思考题

1.损伤有哪几种类型? 各类损伤的表现形式是什么?

2.1958 年 Kachanov 是如何定义连续性变量的?

3.损伤力学在岩石工程中的意义和作用何在?

4.岩石损伤的微观因素有哪些?

5.简单论述一下损伤力学与断裂力学的关系。

第 10 章　岩石的流变性

10.1　岩石流变性概述

10.1.1　流变

"流变"(Rheology)的概念源于古希腊哲学家 Heraclitus 的名言"万物皆流"。流变指物体受力变形中存在与时间有关的变形性质,原则上所有的实际物体都具有流变性。

各种岩土工程,无一不与时间因素有关。岩石的时间效应和流变性质是岩石力学的重要研究内容之一。岩石的流变规律是应力、应变与时间的函数,它表现为蠕变、应力松弛、流动、弹性后效与长期强度的特性。

(1)蠕变特性:在应力 σ 不变的情况下,总应变随时间发展而增长的现象。

(2)应力松弛特性:在保持应变恒量的情况下,应力随时间发展逐渐衰减的现象。

(3)流动特性(或黏滞特性):岩石的应变速率是应力的函数,即应变速率随着应力逐渐增长的现象。

(4)弹性后效:弹性应变随着时间变化的现象,即加载(卸载)后弹性变形逐渐增加(或减少)到某一极限值。

(5)长期强度:在长期受荷作用下,岩石的强度随受荷时间的增长而改变的性能。

恒载试验可以区别岩石变形与时间的有关及无关,卸载试验可以区别岩石变形的可恢复及不可恢复。

10.1.2　岩石流变具有普遍性

我国幅员辽阔,不同地区的岩石其基本力学特性有很大的不同。岩石的流变与黏性变形时效是与其力学效应相辅相成的。在软岩和极软岩、节理裂隙发育或高地应力条件下,这种黏性变形时效就更为明显,成为工程设计计算中必须考虑的主要因素。随着对岩石介质及其工程特性认识的深入,在描述和处理岩石材料的时间效应与其属性方面沿用弹性或弹塑性理论存在明显的缺陷和困难。必须从流变学的观点出发才能对这些时间效应现象做出解释。目前,在宏观唯象学基础上建立起来的流变学理论,在我国已得到不断发展与完善。

随着矿山开采深度的增加,巷道围岩力学性质各向异性,岩体变形表现出明显的蠕变特征。岩体在较高地应力条件下具有显著的扩容蠕变现象,扩容程度随应力差的增加而提高,随围压的减小而提高。岩体强度取决于裂隙发育规律及弱面特征,岩体的扩容蠕变主要为结构面效应所致,结构面的发展过程即是岩体力学性质渐进劣化、岩体渐进破坏的过程。

多数深部巷道围岩属于典型的高应力软岩,在高应力的瞬时作用下显现出软岩特性,在高应力的长期作用下,巷道围岩由浅部弹塑性为主的变形行为转变为深部塑性流变变形行为,且围岩一旦破裂便产生明显的碎胀和扩容,这种强烈的碎胀和扩容效应将造成支护体的严重破坏。因此,在高应力软岩破坏中,围岩碎胀扩容变形力是造成支护体破坏的直接力源。

在工程实践中岩石的流变特性研究一般包括蠕变、应力松弛、长期强度、弹性后效和滞后效应等。岩石具有流变特性已为人们所熟知,尤其是深埋于地下的硐室或巷道,围岩具有随时间的增长而缓慢变形的明显特征,包括地压、破坏等都与时间有关。岩石的流变性是岩石的重要力学特性之一,很多的岩石工程都与岩石的流变性有密切关系。岩石与岩体作为建筑物的基础、边坡和围岩介质,其力学性能及其稳定性对建筑物和结构物的安全起着直接的重要作用。陈宗基教授就曾指出,一个工程的破坏往往是有时间过程的。换句话说,是由岩石的流变性控制的。甚至有的研究者提出,不考虑岩石的流变性,某些岩石力学的基本课题就不可能得到解决。大量的工程实践也表明:在许多现场,岩石工程的失稳和破坏不是在开挖完成或工程完工后立即发生的,矿山井巷开挖以后,成硐之初呈现稳定的岩体,随时间推移变形不断发展。经过一些时日之后,硐体可能失稳或坍塌破坏,即硐周变形与时间因素密切相关。在自重、构造应力及矿山采掘工作产生的集中应力影响下,矿山的煤岩,如强度低的岩层、膨胀性泥岩、软弱夹层、泥化夹层、断层破碎带、充填黏土质的裂隙体岩层等,都会随着时间的增长而产生显著的蠕变现象。煤与岩石或岩体的变形和应力随时间的推移而不断地调整、变化、发展,变形趋于稳定或失稳往往需要延续一个较长的时期。

10.1.3　岩石位移的时空效应

地下工程开挖后,二次应力影响范围内的岩石被称为围岩,围岩发生的位移具有一定的时间—空间效应。

例如,巷道围岩位移变化的空间效应,是指开挖形成的掘进迎头致使其附近的围岩应力重新分布难以在瞬间完成,所以围岩位移不能充分释放。巷道的顶板、两帮及底板层位沿巷道轴向的空间效应影响范围将分别不同,在超前掘进迎头一定距离之外和滞后掘进迎头一定距离之后,巷道围岩位移空间效应的影响会基本消失,而仅剩下围岩流变特性的影响。考虑巷道围岩位移的时间效应时,上述规律或影响将随时间而变化,尤其对软弱破碎围岩的支护,应当尽可能地使一次支护与二次支护及时跟进掘进迎头,缩短开挖与支护之间的间隔时间,将围岩流变性的影响降低至最低水平。因此,对流变围岩巷道支护的合理空间位置与支护时机的选择与确定,便成为具有实际意义的研究课题,对强流变软弱破碎围岩而言,是一实际工程岩体的流变问题。

10.1.4　岩石流变的时间效应

室内小尺寸岩样的流变试验研究可以反映巷道围岩流变时效特征,通过试验获取岩石应变与时间的关系,得到岩石长期强度,建立特定条件下岩石的蠕变本构关系,以利于巷道围岩流变时间效应的工程应用。岩石试验是岩石力学的基础,是研究岩石力学与工程的重要手段之一,因此巷道围岩流变性的试验研究是流变时间效应研究的基础,重点研究建立岩石流变的扩容方程。即不仅考虑一般的蠕变,而且研究其扩容蠕变所导致的变形随时间增长而发展的规律,应用于强流变软弱破碎围岩的稳定性评价,以及巷道围岩径向位移速率的监测与围岩蠕变状态预测。

室内岩石的流变试验研究可以反映巷道围岩的流变时效,但与现场岩体的实际经历不同。例如,采煤工作面的巷道围岩在近工作面切眼段将很快受到本工作面的采动影响,围岩变形流变时效作用较远离工作面切眼段弱。远离工作面切眼段的巷道围岩不受位移空间效应的影响,主要是长时间经受围岩流变特性的影响,其抵抗工作面动态采动影响的能力取决于岩石流变性的强弱。面对上述类似实际工程岩体的流变问题,如何在室内小尺寸岩样的流变试验中得到较为有效的反映,是下一步需要努力的方向之一。巷道围岩径向位移在掘进迎头处的时间与空间效应,以及围岩变形流变时效作用共同影响下的变化规律研究,可以在一定条件下对巷道围岩位移时空效应与围岩流变时效的关系进行一定程度的探讨。

10.2　岩石流变力学研究

岩石流变力学研究对于岩石力学的实际问题非常重要,一方面是由于岩石和岩体本身的结构和组成反映出明显的流变特征;另一方面也由于岩体的受力条件使流变特性更为突出。多年来,许多学者探讨用流变力学的观点解析和处理坝基、边坡、地下硐室等工程中的各种与时间有关的现象和问题。由于飞速发展的各类岩石工程建设的需要,如三峡工程的兴建、西部大开发、核废料的存储以及深部煤炭等资源的开采等,岩石流变力学越来越引起岩石力学、工程地质和工程技术界的普遍重视。

10.2.1　岩石蠕变经典曲线

试验表明,在长时间恒荷载的作用下,典型的岩石蠕变曲线如图 10-1 所示。

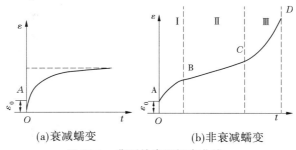

(a)衰减蠕变　　　　　　　(b)非衰减蠕变

图 10-1　典型的岩石蠕变曲线

岩石总应变 ε 等于承受荷载后立即产生的瞬时弹性应变 ε_0 与随时间发展的应变 $\varepsilon(t)$ 之和。岩石的蠕变曲线具有下列两种典型形式:

(1)衰减蠕变过程。$\varepsilon(t)$ 以减速发展,应变速率最后趋向于零,即 $\dfrac{\mathrm{d}\varepsilon}{\mathrm{d}t}\to 0$;$\varepsilon(t)$ 趋向

于某一稳定值 ε_∞（常量），但不导致岩石破坏，ε_∞ 与载荷大小、岩石性质、围压等因素有关。

（2）非衰减蠕变过程。岩石中的应变速率随时间逐渐增长，并不趋近于某一稳定数值，达到某一阶段应变速率急剧增加，最后导致破坏。非衰减蠕变是在岩石试件上施加某一恒定荷载后，岩石立即产生瞬时弹性应变 ε_0（OA 段），若荷载保持恒定且持续作用，应变则随时间继续增长，此时已进入蠕变变形阶段，它一般包括三个阶段：

第 I 蠕变阶段（见图 10-1（b）的 AB 段），或称为衰减蠕变阶段，蠕变曲线的斜率逐渐变小，其应变速率随时间迅速减小，变形以减速发展，达到 B 点时的应变速率达到本阶段的最小值，该阶段内的蠕变称为初期蠕变或暂时蠕变。

第 II 蠕变阶段（见图 10-1（b）的 BC 段），蠕变曲线具有近似不变的斜率，应变速率大致为常量，并一直持续到 C 点，该阶段内的蠕变称为二次蠕变或稳定蠕变。

第 III 蠕变阶段（见图 10-1（b）的 CD 段），亦称为加速蠕变阶段，应变速率开始迅速增加，导致岩石发生破坏。

任一蠕变阶段的持续时间，决定于岩石的性质和荷载值。同种岩石，荷载越大，第 II 蠕变阶段的持续时间越短，第 III 蠕变阶段出现越快；在很高荷载下，几乎在加载之后立即产生破坏；在中等荷载下，所有的三个蠕变阶段表现得十分清楚。

衰减蠕变和非衰减蠕变的界限取决于岩石的蠕变极限应力，即长期强度。若岩石内的应力小于极限应力，将产生衰减蠕变，即使时间继续增长也不会产生破坏。反之，若岩石中的应力等于或大于极限应力，岩石将出现较显著的蠕变并导致破坏。

10.2.2　基本模型

在流变学中，所有的流变模型均可由三个基本元件组合而成，这三个基本元件为弹性元件（Hooke Element）、塑性元件（St. Venant Element）和黏性元件（Newton Element）。现分述如下。

10.2.2.1　弹性元件（Hooke Element）

如果材料在荷载作用下，其变形性质完全符合虎克定律，则称此种材料为虎克体，是一种理想的弹性体，其力学模型用一个弹簧元件表示（见图 10-2），以符号 H 代表。

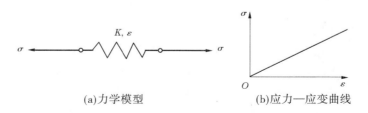

(a)力学模型　　　　　　　　(b)应力—应变曲线

图 10-2　虎克体力学模型及其动态

虎克体的应力—应变关系是线弹性的，其本构方程为

$$\sigma = K\varepsilon \tag{10-1}$$

式中　K——弹性系数。

分析式（10-1）可知虎克体有如下性质：

（1）具有瞬时弹性变形性质，无论荷载大小，只要 σ 不为零，就有相应的应变 ε ，当 σ 为零（卸载）时，ε 也为零，说明没有弹性后效，即与时间无关。

（2）应变为恒定时，应力也保持不变，应力不因时间变化。

（3）应力保持恒定，应变也保持不变，故无蠕变性质。

10.2.2.2　塑性元件（St. Venant Element）

物体所受的应力达到屈服极限时便开始产生塑性变形，即使应力不再增加，变形仍不断增长，具有这一性质的物体为理想的塑性体，其力学模型用一个摩擦片（或滑块）表示，并以符号 Y 代表，如图 10-3 所示。理想塑性体的本构方程为

$$\left. \begin{array}{l} 当\,\sigma < \sigma_s\,时,\varepsilon = 0 \\ 当\,\sigma \geqslant \sigma_s\,时,\varepsilon \to \infty \end{array} \right\} \tag{10-2}$$

式中　σ_s ——材料的屈服极限。

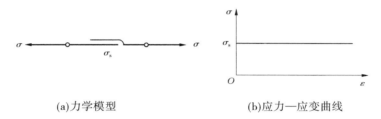

(a)力学模型　　　　　　　(b)应力—应变曲线

图 10-3　塑性体力学模型及其动态

10.2.2.3　黏性元件（Newton Element）

牛顿流体（Newtonian Fluid）是一种理想黏性体，符合牛顿流动定律，即应力与应变速率成正比（见图 10-4），图中直线通过坐标原点。牛顿流体的力学模型是用一个带孔活塞组成的阻尼器表示，简化的模型如图 10-4(a)所示，并用符号 N 表示，通常称为黏性元件。

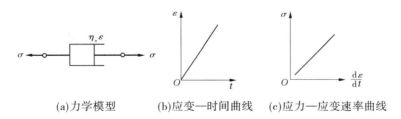

(a)力学模型　　　(b)应变—时间曲线　　　(c)应力—应变速率曲线

图 10-4　牛顿流体力学模型及其动态

根据定义，元件的本构关系为

$$\sigma = \eta \frac{\mathrm{d}\varepsilon}{\mathrm{d}t}$$

即

$$\sigma = \eta \dot{\varepsilon} \tag{10-3}$$

式中　η ——牛顿黏性系数。

将式（10-3）积分，得

$$\varepsilon = \frac{1}{\eta}\sigma t + C \tag{10-4}$$

式中　C——积分常数,当 $t=0$ 时,$\varepsilon=0$,$C=0$。

$$\varepsilon=\frac{1}{\eta}\sigma t \tag{10-5}$$

当 $t=t_1$ 时,$\sigma=\sigma_0$,即 $\varepsilon=\frac{1}{\eta}\sigma_0 t_1$。

分析牛顿体的本构关系,可以得出牛顿体具有如下性质:

(1)当 $\varepsilon=\frac{1}{\eta}\sigma t$,$t=0$ 时,$\varepsilon=0$。当应力为 σ_0 时,完成其相应的应变需要时间 t_1,如图 10-4(b)所示,说明应变与时间有关,牛顿体无瞬时变形,从元件的物理概念也可知,当活塞受一拉力时,活塞发生位移,但由于黏性液体的阻力,活塞的位移逐渐增大,位移随时间增长。

(2)当 $\sigma=0$ 时,$\eta\dot{\varepsilon}=0$,积分后得 $\varepsilon=$ 常数,表明去掉外力后应变为常数,活塞的位移即停止,不再恢复,只有再受到相应的压力时,活塞才回到原位,所以牛顿体无弹性后效,有永久变形。

(3)当 $\varepsilon=$ 常数时,$\sigma=\eta\dot{\varepsilon}=0$,说明当应变保持某一恒定值后,应力为零,无应力松弛性能。

从上述可以了解牛顿体具有黏性流动的特点。此外,塑性变形也称塑性流动,它与黏性流动有明显的区别,塑性流动只有当 σ 达到或超过屈服应力 σ_s 时才发生,当 σ 小于屈服应力 σ_s 时,完全塑性体表现出刚体的特点,而黏性流动则不需要应力超过某一定值,只要有微小的应力,牛顿体就会发生流动。实际上,塑性流动、黏性流动经常和弹性变形联系在一起出现。因此,常常出现黏弹性体和黏弹塑性体,前者研究应力小于屈服极限时的应力、应变与时间的关系,后者研究应力大于屈服极限时应力、应变与时间的关系。

10.2.3　传统组合模型

基本元件的任何一种元件单独表示岩土的性质时,只能描述弹性、塑性或黏性三种性质中的一种性质,而客观存在的岩土性质都不是单一的,通常都表现出复杂的特性。为此,必须对上述三种元件进行组合,才能准确地描述岩土的特性。目前已经提出了几十种流体的组合模型,它们大多数是根据提出者的名字命名的,组合的方式为串联、并联、串并联和并串联,串联以符号"—"表示,并联以"|"表示。下面讨论并联和串联的性质。

(1)串联:应力组合体总应力等于串联中任何元件的应力($\sigma=\sigma_1=\sigma_2$);应变组合体总应变等于串联中任何元件的应变之和($\varepsilon=\varepsilon_1+\varepsilon_2$)。

(2)并联:应力组合体总应力等于并联中任何元件的应力之和($\sigma=\sigma_1+\sigma_2$);应变组合体总应变等于并联所有元件的应变($\varepsilon=\varepsilon_1=\varepsilon_2$)。

10.2.3.1　St. Venant 体

St. Venant 体由一个弹簧和一个摩擦片串联组成,代表弹塑性体,其力学模型如图 10-5 所示。

(1)本构方程。当 $\sigma<\sigma_s$ 时,弹簧产生瞬时弹性变形 $\frac{\sigma}{k}$,而摩擦片没有变形,即

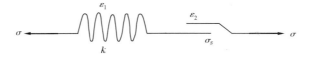

图 10-5　St. Venant **体力学模型**

$\varepsilon_2 = 0$；当 $\sigma \geq \sigma_s$ 时，即克服了摩擦片的摩擦阻力后，摩擦片将在 σ 作用下无限制滑动。所以，St. Venant 体的本构方程为

$$\left.\begin{array}{l} \sigma < \sigma_s, \varepsilon = \dfrac{\sigma}{k} \\[2mm] \sigma \geq \sigma_s, \varepsilon \to \infty \end{array}\right\} \tag{10-6}$$

式（10-6）用图形表示如图 10-6 所示。

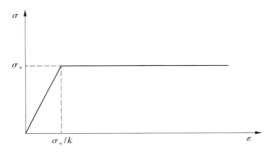

图 10-6　St. Venant **体本构关系示意图**

（2）卸载特性。如在某时刻卸载，使 $\sigma = 0$，则弹性变形全部恢复，塑性变形停止，但已经产生的塑性变形永久保留。

St. Venant 体代表理想弹塑性体，无蠕变，无松弛，无弹性后效。

10.2.3.2　马克斯韦尔(Maxwell) 模型

马克斯韦尔模型(简称 M 体) 由一个弹性元件和一个黏性元件串联而成，如图 10-7(a) 所示。两个元件所承受的载荷相等且等于外部载荷，模型的总应变等于两个元件的应变之和，所以有：

对于弹性元件：　　　　　　　　　$\sigma = E\varepsilon_1$　　　　　　　　　　　　　　（1）

对于黏性元件：　　　　　　　　　$\sigma = \eta\dot{\varepsilon}_2$　　　　　　　　　　　　　　（2）

模型总应变为：　　　　　　　　　$\varepsilon = \varepsilon_1 + \varepsilon_2$　　　　　　　　　　　　　（3）

由上式(1) ~ (3) 可得出马克斯韦尔模型的本构方程为

$$\varepsilon = \frac{\sigma}{E} + \frac{\sigma}{\eta}t \tag{10-7}$$

式中　E——弹性模量；

　　　η——黏性系数。

1. 常载荷条件下的蠕变

应力条件：$\sigma = \sigma_0 = \mathrm{const}$

初始条件：$t = 0, \varepsilon = \varepsilon_1 = \dfrac{\sigma_0}{E}$，即模型的初始变形等于弹性元件的初始变形。

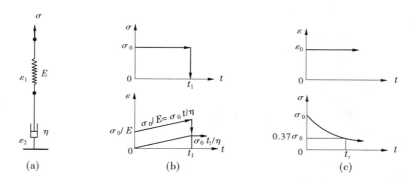

图 10-7　马克斯韦尔模型

由本构方程得

$$\varepsilon = \frac{\sigma_0}{E} + \frac{\sigma_0}{\eta}t \qquad (10\text{-}8)$$

即

$$\frac{\mathrm{d}\varepsilon}{\mathrm{d}t} = \frac{\sigma_0}{\eta} \qquad (10\text{-}9)$$

解微分方程得 $\varepsilon = \frac{\sigma_0}{\eta}t + C$ 代入初始条件得出 M 体的蠕变方程为

$$\varepsilon = \frac{\sigma_0}{\eta}t + \frac{\sigma_0}{E} \qquad (10\text{-}10)$$

2. 卸载后的黏性流动

对于 M 体,当蠕变发展到 t_1 时,突然卸载,M 体会产生瞬时弹性恢复,其值为 $\frac{\sigma_0}{E}$,而且会有黏性流动,其值为 $(\sigma_0/\eta)t_1$。M 体的常载蠕变曲线和卸载曲线如图 10-7(b)所示。

3. 常应变条件下的松弛

应变条件:$\varepsilon = \varepsilon_1 = \frac{\sigma_0}{E} = \mathrm{const}$

初始条件:$t = 0,\sigma = \sigma_0$

由本构方程式(10-7)得

$$\dot{\varepsilon} = \frac{1}{E}\frac{\mathrm{d}\sigma}{\mathrm{d}t} + \frac{\sigma}{\eta} = 0 \qquad (10\text{-}11)$$

上式为线性齐次微分方程。可以采用分离变量、积分的办法求解

$$\frac{\mathrm{d}\sigma}{\sigma} = -\frac{E}{\eta}\mathrm{d}t \qquad (10\text{-}12)$$

$$\ln\sigma = -\frac{E}{\eta}t + C \qquad (10\text{-}13)$$

$$\sigma = \mathrm{e}^C \mathrm{e}^{-\frac{E}{\eta}t} \qquad (10\text{-}14)$$

代入初始条件,可以求出 M 体的松弛方程为

$$\sigma = \sigma_0 \exp\left(-\frac{E}{\eta}t\right) \qquad (10\text{-}15)$$

由式(10-15)可以看出,当 $t\rightarrow\infty$ 时, $\sigma\rightarrow0$ 。

假设经过时间 t_r ,应力下降为初始应力的 $\dfrac{1}{e}$,即 $\sigma = \dfrac{1}{e}\sigma_0 \approx 0.37\sigma_0$,根据式(10-15),可求出

$$t_r = \frac{\eta}{E} \tag{10-16}$$

式中　t_r——松弛时间。

综上所述,M 体的流变特征如表 10-1 所示。

表 10-1　M 体的流变特征

流变特征	瞬时变形	蠕变	松弛	弹性后效	黏性流动
M 体	有	有	有	无	有

10.2.3.3　开尔文(Kelvin)模型

开尔文模型(简称 K 体)由一个弹性元件和一个黏性元件并联而成,如图 10-8(a)所示。两个元件应变相等,且等于模型的总应变,两元件的应力之和等于模型的外载荷,所以有:

对于弹性元件:　　　　　　　　$\sigma_1 = E\varepsilon$ 　　　　　　　　　　(1)

对于黏性元件:　　　　　　　　$\sigma_2 = \eta\dot{\varepsilon}$ 　　　　　　　　　　(2)

模型总应力为:　　　　　　　　$\sigma = \sigma_1 + \sigma_2$ 　　　　　　　　　(3)

由上式(1)~(3)可得出开尔文体的本构方程为

$$\dot{\varepsilon} + \frac{E}{\eta}\varepsilon = \frac{\sigma}{\eta} \tag{10-17}$$

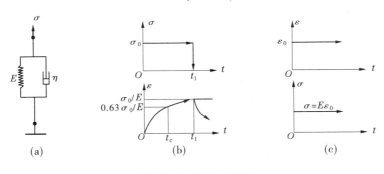

图 10-8　开尔文模型

1.常载荷条件下的蠕变

应力条件: $\sigma = \sigma_0 = \mathrm{const}$

初始条件: $t = 0$, $\varepsilon = 0$,由于牛顿体的制约,模型无初始变形。

由本构方程式(10-17)得

$$\frac{\mathrm{d}\varepsilon}{\mathrm{d}t} + \frac{E}{\eta}\varepsilon = \frac{\sigma_0}{\eta} \tag{10-18}$$

上式为线性非齐次方程。先求齐次方程的解为

$$\varepsilon = C\exp\left(-\frac{E}{\eta}t\right) \tag{10-19}$$

非齐次方程的特解为

$$\varepsilon = \frac{\sigma_0}{E} \tag{10-20}$$

所以通解为

$$\varepsilon = C\exp\left(-\frac{E}{\eta}t\right) + \frac{\sigma_0}{E} \tag{10-21}$$

根据初始条件,求出其积分常数为 $C = -\dfrac{\sigma_0}{E}$,所以开尔文体的蠕变方程为

$$\varepsilon = \frac{\sigma_0}{E}\left[1 - \exp\left(-\frac{E}{\eta}t\right)\right] \tag{10-22}$$

其蠕变曲线如图 10-8(b) 所示,当 $t \to \infty$ 时,$\varepsilon = \dfrac{\sigma_0}{E}$。当 $t = t_c = \dfrac{\eta}{E}$ 时,$\varepsilon = 0.63\sigma_0/E$,$t_c$ 称为开尔文体的延滞时间。

2. 卸载后的弹性效应

加载至 t_1 后卸载,应力、应变条件为

应力条件:$\sigma = 0$

初始条件:$t = t_1$,$\varepsilon_1 = \dfrac{\sigma_0}{E}\left[1 - \exp\left(-\dfrac{E}{\eta}t\right)\right]$

由本构方程式(10-17)得

$$\dot{\varepsilon} + \frac{E}{\eta}\varepsilon = 0 \tag{10-23}$$

为线性齐次方程,求解得

$$\varepsilon = C\exp\left(-\frac{E}{\eta}t\right) \tag{10-24}$$

由初始条件得

$$\varepsilon = \varepsilon_1\exp\left[-\frac{E}{\eta}(t - t_1)\right] \tag{10-25}$$

式(10-25)即为卸载后开尔文体的流变方程。在上式中,应变 ε 随时间 t 变化,故有弹性后效,当 $t \to \infty$ 时,$\varepsilon \to 0$,所以无黏性流动。

3. 常应变条件下的松弛

应变条件:$\varepsilon = \varepsilon_0 = \text{const}$

初始条件:$t = 0$,$\sigma = \sigma_0$

由本构方程得

$$\frac{\sigma}{\eta} = \dot{\varepsilon} + \frac{E}{\eta}\varepsilon = \frac{E}{\eta}\varepsilon_0 \tag{10-26}$$

所以,$\sigma = E\varepsilon_0$,应力为常数,与时间无关,故无松弛,如图 10-8(c) 所示。

综上所述,K 体的流变特征如表 10-2 所示。

表 10-2　K 体的流变特征

流变特征	瞬时变形	蠕变	松弛	弹性后效	黏性流动
K 体	无	有	无	有	无

10.2.3.4　开尔文 – 伏尔特(Voigt)模型

开尔文 – 伏尔特模型(简称 K – V 体)由弹性元件和开尔文模型相串联,如图 10-9(a)所示。弹性元件的受力和开尔文模型的受力相等,且等于整个模型的受力,整个模型的总应变等于弹性元件的应变与开尔文模型的应变之和,所以有:

对于弹性元件:
$$\varepsilon_1 = \frac{\sigma}{E_1} \qquad (1)$$

对于开尔文体:
$$\varepsilon_2 = \frac{-\eta \dot{\varepsilon}_2}{E_2} + \frac{\sigma}{E_2} \qquad (2)$$

模型总应变为:
$$\varepsilon = \varepsilon_1 + \varepsilon_2 \qquad (3)$$

由上式(1)~(3)可得出开尔文 – 伏尔特模型的本构方程为

$$\frac{\eta}{E_2}\dot{\varepsilon} + \varepsilon = \frac{\eta}{E_1 E_2}\dot{\sigma} + \frac{E_1 + E_2}{E_1 E_2}\sigma \qquad (10\text{-}27)$$

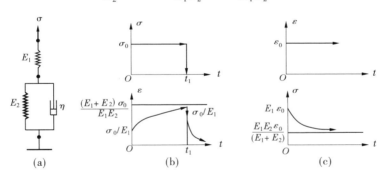

图 10-9　开尔文—伏尔特模型

1. 常载荷条件下的蠕变

应力条件: $\sigma = \sigma_0 = \text{const}$

初始条件: $t = 0$, $\varepsilon = \dfrac{\sigma_0}{E_1}$,弹性元件具有瞬时弹性变形。

由本构方程式(10-27)得

$$\frac{d\varepsilon}{dt} + \frac{E_2}{\eta}\varepsilon = \frac{E_1 + E_2}{\eta E_1}\sigma_0 \qquad (10\text{-}28)$$

上式为线性非齐次方程。先求齐次方程的解为

$$\varepsilon = C\exp\left(-\frac{E_2}{\eta}t\right) \qquad (10\text{-}29)$$

非齐次方程的特解为

$$\varepsilon = \frac{E_1 + E_2}{E_1 E_2}\sigma_0 \tag{10-30}$$

所以通解为

$$\varepsilon = C\exp\left(-\frac{E_2}{\eta}t\right) + \frac{E_1 + E_2}{E_1 E_2}\sigma_0 \tag{10-31}$$

根据初始条件,求出其积分常数为 $C = -\dfrac{\sigma_0}{E_2}$,所以开尔文 – 伏尔特体的蠕变方程为

$$\varepsilon(t) = \left[\frac{1}{E_1} + \frac{1}{E_2}(1 - e^{-\frac{E_2}{\eta}t})\right]\sigma_0 \tag{10-32}$$

其蠕变曲线如图 10-9(b)所示,当 $t\to\infty$ 时,则有 $\varepsilon_\infty = \dfrac{E_1 + E_2}{E_1 E_2}\sigma_0$。

2. 卸载后的弹性效应

加载至 t_1 后卸载,应力、应变条件为

应力条件:$\sigma = 0$

初始条件:$\varepsilon(t_1) = \left[\dfrac{1}{E_1} + \dfrac{1}{E_2}(1 - e^{-\frac{E_2}{\eta}t_1})\right]\sigma_0 - \dfrac{\sigma_0}{E_1} = \dfrac{\sigma_0}{E_2}(1 - e^{-\frac{E_2}{\eta}t_1})$(见图 10-9(b)),卸

载后,模型会有瞬时弹性恢复,其值为 $\Delta\varepsilon_1 = \dfrac{\sigma_0}{E_1}$。

由本构方程式(10-27)得

$$\frac{\eta}{E_2}\dot{\varepsilon} + \varepsilon = 0 \tag{10-33}$$

为线性齐次方程,求解得

$$\varepsilon = C\exp\left(-\frac{E_2}{\eta}t\right) \tag{10-34}$$

由初始条件得

$$\varepsilon = \frac{\sigma_0}{E_2}(e^{\frac{E_2}{\eta}t_1} - 1)e^{-\frac{E_2}{\eta}t} \tag{10-35}$$

式(10-35)即为卸载后开尔文 – 伏尔特体的流变方程。在上式中,应变 ε 随时间 t 变化,故有弹性后效,当 $t\to\infty$ 时,$\varepsilon\to 0$,所以无黏性流动。

(3)常应变条件下的松弛。

应变条件:$\varepsilon = \varepsilon_0 = \text{const}$

初始条件:$t = 0$,$\sigma = \sigma_0 = E_1\varepsilon_0$

由本构方程式(10-27)得

$$\dot{\sigma} + \frac{E_1 + E_2}{\eta}\sigma = \frac{E_1 E_2}{\eta}\varepsilon_0 \tag{10-36}$$

上式为线性非齐次方程。先求齐次方程的解为

$$\sigma = C\exp\left(-\frac{E_1 + E_2}{\eta}t\right) \tag{10-37}$$

非齐次方程的特解为

$$\sigma = \frac{E_1 E_2}{E_1 + E_2}\varepsilon_0 \qquad (10\text{-}38)$$

所以通解为

$$\sigma = C\exp\left(-\frac{E_1 + E_2}{\eta}t\right) + \frac{E_1 E_2}{E_1 + E_2}\varepsilon_0 \qquad (10\text{-}39)$$

根据初始条件,求出其积分常数为 $C = \dfrac{E_1^2}{E_1 + E_2}\varepsilon_0$,所以松弛方程为

$$\sigma = \frac{E_1 E_2}{E_1 + E_2}\varepsilon_0\left[1 + \frac{E_1}{E_2}\exp\left(-\frac{E_1 + E_2}{\eta}t\right)\right] \qquad (10\text{-}40)$$

由式(10-40)可见,有应力松弛,当 $t \to \infty$ 时,$\sigma_\infty = \dfrac{E_1 E_2}{E_1 + E_2}\varepsilon_0$,如图 10-9(c)所示。

综上所述,K - V 体的流变特征如表 10-3 所示。

表 10-3　K - V 体的流变特征

流变特征	瞬时变形	蠕变	松弛	弹性后效	黏性流动
K—V 体	有	有	有	有	无

10.2.3.5　柏格斯(Burgers)模型

柏格斯模型由马克斯韦尔模型和开尔文模型串联而成,如图 10-10(a)所示。柏格斯模型的总应变等于马克斯韦尔模型应变 ε_1 和开尔文模型的应变 ε_2 两者之和,而这两者的应力相等,且等于模型的总应力,所以有:

模型总应变: 　　　　　　$\varepsilon = \varepsilon_1 + \varepsilon_2$ 　　　　　　(1)

对于马克斯韦尔模型: 　　$\dot{\varepsilon}_1 = \dfrac{\dot{\sigma}}{E_1} + \dfrac{\sigma}{\eta_1}$ 　　　　　　(2)

对于开尔文体: 　　　　　$\varepsilon_2 = \dfrac{\sigma}{E_2} - \dfrac{\eta_2}{E_2}\dot{\varepsilon}_2$ 　　　　　(3)

由上式(1)~(3)可得出柏格斯模型的本构方程,求解过程如下:

将式(1)求导,与(2)联立,消去 $\dot{\varepsilon}_1$ 得

$$\dot{\varepsilon} = \frac{\dot{\sigma}}{E_1} + \frac{\sigma}{\eta_1} + \dot{\varepsilon}_2 \qquad (4)$$

将式(3)、式(4)求导得

$$\dot{\varepsilon}_2 = \frac{\dot{\sigma}}{E_2} - \frac{\eta_2}{E_2}\ddot{\varepsilon}_2 \qquad (5)$$

$$\ddot{\varepsilon} = \frac{\ddot{\sigma}}{E_1} + \frac{\dot{\sigma}}{\eta_1} + \ddot{\varepsilon}_2 \qquad (6)$$

联立式(4)、(5)、(6),消去 $\dot{\varepsilon}_2$ 和 $\ddot{\varepsilon}_2$,就可得出本构方程。方法如下:由式(4)求出 $\dot{\varepsilon}_2$,将 $\dot{\varepsilon}_2$ 代入式(5),并求出 $\ddot{\varepsilon}_2$,将 $\ddot{\varepsilon}_2$ 代入式(6)后,整理后就可得到柏格斯模型的本

构方程为

$$\eta_1 \dot{\varepsilon} + \frac{\eta_1 \eta_2}{E_2} \ddot{\varepsilon} = \sigma + \left(\frac{\eta_1}{E_1} + \frac{\eta_1}{E_2} + \frac{\eta_2}{E_2} \right) \dot{\sigma} + \frac{\eta_1 \eta_2}{E_1 E_2} \ddot{\sigma} \tag{10-41}$$

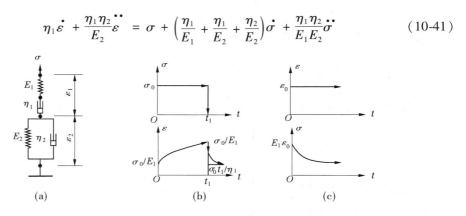

图 10-10　柏格斯模型

1.常载荷条件下的蠕变

应力条件:$\sigma = \sigma_0 = \text{const}$

初始条件:$t = 0$,$\varepsilon = \dfrac{\sigma_0}{E_1}$,马克斯韦尔体具有瞬时弹性应变。

由于柏格斯模型是由马克斯韦尔模型与开尔文模型串联而成,柏格斯模型的总应变等于 M 体与 K 体应变之和,所以柏格斯模型的蠕变,既可以由本构方程式(10-41)求出,也可由 M 体与 K 体的蠕变相加求得,所以有:

$$\varepsilon = \frac{\sigma_0}{E_1} + \frac{\sigma_0}{E_2} \left[1 - \exp\left(-\frac{E_2}{\eta_2} t \right) \right] + \frac{\sigma_0}{\eta_1} t \tag{10-42a}$$

$$\varepsilon = \left[\frac{t}{\eta_1} + \frac{E_1 + E_2}{E_1 E_2} - \frac{1}{E_2} \exp\left(-\frac{E_2}{\eta_2} t \right) \right] \sigma_0 \tag{10-42b}$$

柏格斯模型有瞬时弹性变形,当 $t \to \infty$ 时,$\varepsilon \to \infty$,其流变曲线如图 10-10(b)所示。由式(10-42a)可见,柏格斯模型的蠕变方程由三部分组成:①瞬时弹性应变 $\varepsilon_1 = \dfrac{\sigma_0}{E_1}$;②按负指数衰减的可恢复应变:$\varepsilon_2 = \dfrac{\sigma_0}{E_2} \left[1 - \exp\left(-\dfrac{E_2}{\eta_2} t \right) \right]$,它类似于材料蠕变曲线的第 I 阶段初期蠕变;③以稳态应变速率发展的不可恢复应变(黏性流动),$\varepsilon_3 = \dfrac{\sigma_0}{\eta_1} t$,它类似于材料蠕变曲线的第 II 阶段等速蠕变。

2.卸载后的弹性效应

柏格斯模型加载至 t_1 后突然卸载,模型的变形也应该是 M 体与 K 体两者单独卸载的变形之和,所以有:

(1)瞬时弹性恢复值为 σ_0 / E_1。

(2)黏性流动值为 $(\sigma_0 / \eta_1) t$。

(3)有弹性后效,卸载后的流变方程为

$$\left.\begin{array}{c} \varepsilon = \varepsilon_0 \exp\left[-\dfrac{E_2}{\eta_2}(t - t_1)\right] + \dfrac{\sigma_0}{\eta_1}t_1 \\[3mm] \varepsilon_0 = \dfrac{\sigma_0}{E_2}\left[1 - \exp\left(-\dfrac{E_2}{\eta_2}t\right)\right] \end{array}\right\}$$ （10-43）

3. 常应变条件下的松弛

应变条件：$\varepsilon = \varepsilon_0 = \text{const}$

初始条件：$t = 0, \sigma = \sigma_0 = E_1\varepsilon_0$

$t = 0, \sigma = \sigma_0$（由于 K 体无松弛，按 M 体松弛方程求出）。

由本构方程式（10-41）得

$$\sigma + \left(\frac{\eta_1}{E_1} + \frac{\eta_1}{E_2} + \frac{\eta_2}{E_2}\right)\dot{\sigma} + \frac{\eta_1\eta_2}{E_1E_2}\ddot{\sigma} = 0$$ （10-44a）

式（10-44a）为二阶常系数微分方程。设

$$p = \frac{\eta_1}{E_1} + \frac{\eta_1}{E_2} + \frac{\eta_2}{E_2}, q = \frac{\eta_1\eta_2}{E_1E_2}$$ （10-44b）

所以有

$$\sigma + p\dot{\sigma} + q\ddot{\sigma} = 0$$ （10-44c）

式（10-44c）对应的特征方程为

$$\gamma^2 + p\gamma + q = 0$$ （10-44d）

解得 $\gamma_{1,2} = \dfrac{-p \pm \sqrt{p^2 - 4q}}{2}$

$$p^2 - 4q = \left(\frac{\eta_1}{E_1} + \frac{\eta_1}{E_2} + \frac{\eta_2}{E_2}\right)^2 - 4\frac{\eta_1\eta_2}{E_1E_2} = \left(\frac{E_1 + E_2}{E_2}\right)^2\frac{\eta_1^2}{E_1^2} + \frac{\eta_2^2}{E_2^2} > 0$$

所以式（10-44d）有两个不同的实根，常数由初始条件给出。

作为一个特设 $\eta_1 = \eta_2$，$E_1 = E_2$，则有 $p = 3\dfrac{\eta_1}{E_1}$，$q = \dfrac{\eta_1^2}{E_1^2}$，$\gamma_1 = -\dfrac{(3-\sqrt{5})}{2}\dfrac{\eta_1}{E_1}$，

$\gamma_2 = -\dfrac{(3+\sqrt{5})}{2}\dfrac{\eta_1}{E_1}$ 再由初始条件，可求出积分常数 C_1、C_2，从而求出柏格斯模型的松弛方程。

综上所述，柏格斯模型的流变特征如表 10-4 所示。

表 10-4　柏格斯模型的流变特征

流变特征	瞬时变形	蠕变	松弛	弹性后效	黏性流动
柏格斯模型	有	有	有	有	有

10.2.3.6　Poyting – Thomson 体

Poyting – Thomson 体由一个 M 体和一个弹簧并联组成，其力学模型如图 10-11 所示。

（1）本构方程。由于 Poyting – Thomson 体由 M 体和弹簧并联而成，所以有

$$\varepsilon_1 = \varepsilon_2 = \varepsilon, \dot{\varepsilon}_1 = \dot{\varepsilon}_2 = \dot{\varepsilon}$$ （10-45）

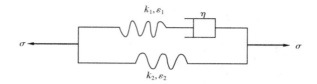

图 10-11　Poyting - Thomson 体力学模型

$$\sigma = \sigma_1 + \sigma_2, \dot{\sigma} = \dot{\sigma}_1 + \dot{\sigma}_2 \tag{10-46}$$

由 M 体可得

$$\dot{\varepsilon} = \frac{\dot{\sigma}_1}{k_1} + \frac{\sigma_1}{\eta} \tag{10-47}$$

所以

$$\sigma_1 = \eta \dot{\varepsilon} - \frac{\eta}{k_1} \dot{\sigma}_1 \tag{10-48}$$

由虎克体可得

$$\sigma_2 = k_2 \varepsilon, \dot{\sigma}_2 = k_2 \dot{\varepsilon} \tag{10-49}$$

两部分并联并整理得

$$\dot{\sigma} + \frac{k_1}{\eta} \sigma = (k_1 + k_2) \dot{\varepsilon} + \frac{k_1 k_2}{\eta} \varepsilon \tag{10-50}$$

式（10-50）就是 Poyting - Thomson 体的本构方程，形式与 Modified Kelvin 体类似。

（2）蠕变方程。在恒定应力 σ_0 作用下，$\dot{\sigma} = 0$，此时式（10-50）变为

$$(k_1 + k_2) \dot{\varepsilon} + \frac{k_1 k_2}{\eta} \varepsilon = \frac{k_1}{\eta} \sigma_0 \tag{10-51}$$

解得

$$\varepsilon = \frac{\sigma_0}{k_2} \left(1 - \frac{k_1}{k_1 + k_2} e^{\frac{-k_1 k_2}{(k_1 + k_2)\eta} t} \right) \tag{10-52}$$

当 $t = 0$ 时，$\varepsilon_0 = \frac{\sigma_0}{k_1 + k_2}$；当 $t \to \infty$ 时，$\varepsilon \to \frac{\sigma_0}{k_2}$。

由式（10-52）所表述的蠕变曲线如图 10-12 所示。

（3）弹性后效（卸载效应）。若在 $t = t_1$ 时突然卸载，此时已产生的蠕变应变为

$$\varepsilon_1 = \frac{\sigma_0}{k_2} \left(1 - \frac{k_1}{k_1 + k_2} e^{\frac{-k_1 k_2}{(k_1 + k_2)\eta} t_1} \right) \tag{10-53}$$

若将此时刻重新定义为零时刻（$t' = 0$），并有 $\sigma = \dot{\sigma} = 0$，因此由式（10-50）有

$$(k_1 + k_2) \dot{\varepsilon} + \frac{k_1 k_2}{\eta} \varepsilon = 0 \tag{10-54}$$

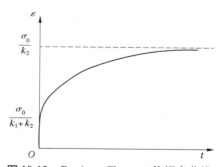

图 10-12　Poyting - Thomson 体蠕变曲线

解此方程得

$$\varepsilon = \varepsilon_1 e^{\frac{-k_1 k_2}{(k_1+k_2)\eta} t'} \tag{10-55}$$

当 $t' = 0$ 时,$\varepsilon = \varepsilon_1$;$t' \to \infty$ 时,$\varepsilon = 0$。

因而式(10-55)描述的就是一种弹性后效。

Poyting – Thomson 体属于稳定蠕变模型,有弹性后效。

10.2.3.7　理想黏塑性体

理想黏塑性体由一副摩擦片和一个阻尼器并联而成,其力学模型如图 10-13 所示。

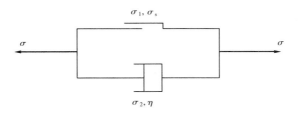

图 10-13　理想黏塑性体力学模型

(1)本构方程。根据并联性质,所以有

$$\sigma = \sigma_1 + \sigma_2 \tag{10-56}$$

$$\varepsilon = \varepsilon_1 = \varepsilon_2 \tag{10-57}$$

又知各元件本构关系为

$$\sigma_2 = \eta \dot{\varepsilon} \tag{10-58}$$

当 $\sigma_1 < \sigma_s$ 时,$\varepsilon = 0$;当 $\sigma_1 = \sigma_s$ 时,$\varepsilon \to \infty$。

由此可知,当 $\sigma_1 < \sigma_s$ 时 ,$\varepsilon = 0$,这时模型为刚体。

当 $\sigma \geqslant \sigma_s$ 时, $\sigma = \sigma_s + \eta \dot{\varepsilon}$ 或 $\dot{\varepsilon} = \dfrac{\sigma - \sigma_s}{\eta}$,因此理想黏性体的本构方程为

$$\left. \begin{array}{l} 当 \sigma_1 < \sigma_s \text{ 时},\varepsilon = 0 \\[2mm] 当 \sigma \geqslant \sigma_s \text{ 时},\dot{\varepsilon} = \dfrac{\sigma - \sigma_s}{\eta} \end{array} \right\} \tag{10-59}$$

以 σ,$\dot{\varepsilon}$ 为坐标轴作图,得应变速率曲线为斜直线,如图 10-14 所示。

(2)蠕变曲线。只研究 $\sigma \geqslant \sigma_s$ 的情况,将恒载 $\sigma = \sigma_0 \geqslant \sigma_s$ 代入式(10-59),即

$$\frac{d\varepsilon}{dt} = \frac{\sigma_0 - \sigma_s}{\eta} \tag{10-60}$$

$$\varepsilon = \frac{\sigma_0 - \sigma_s}{\eta} t + A \tag{10-61}$$

由初始条件确定 A,当 $t = 0$ 时,$\varepsilon = 0$,代入式(10-61),$A = 0$,因此蠕变方程变为

$$\varepsilon = \frac{\sigma - \sigma_s}{\eta} t \tag{10-62}$$

可见,蠕变曲线为斜直线,如图 10-15 所示。

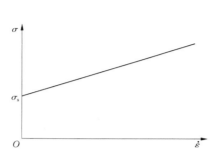

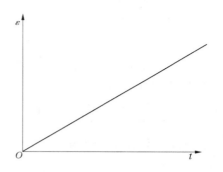

图 10-14　理想黏塑性体应力—应变速率关系曲线　　　图 10-15　理想黏塑性体蠕变曲线

（3）卸载方程。在 $t = t_1$ 时卸载，根据模型各元件的特性，卸载后模型停留在当时位置上，即已发生应变值 $\varepsilon = \dfrac{\sigma_1 - \sigma_s}{\eta}t_1$ ，全部变形将永久保留，不能恢复。

这种模型没有弹性和弹性后效，属不稳定蠕变。

10.2.3.8　Price 体

Price 体由弹簧、K 体和理想黏塑性体串联而成，能最全面反映岩土的弹—黏弹—黏塑特性，其力学模型如图 10-16 所示。

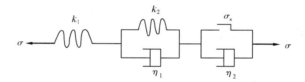

图 10-16　Price 体力学模型

当 $\sigma < \sigma_s$ 时，摩擦片为刚体，因此模型与 Modified Kelvin 体完全相同，其流变特性具有蠕变和松弛性能。

当 $\sigma \geqslant \sigma_s$ 时，其性能类似 Burgers 模型，所不同的仅是模型中的应力中扣去克服摩擦片阻力 σ_s 的部分。因此，不必详细推导，可直接由 Burgers 体的流变方程式（10-41）中用 $\sigma - \sigma_s$ 取代 σ 而得到 Price 体的流变方程。

（1）本构方程。

$$
\left.
\begin{aligned}
&\frac{\eta_1}{k_1}\dot{\sigma} + \left(1 + \frac{k_2}{k_1}\right)\sigma = \eta_1\dot{\varepsilon} + k_2\varepsilon \quad (\sigma < \sigma_s) \\
&\ddot{\sigma} + \left(\frac{k_2}{\eta_1} + \frac{k_2}{\eta_2} + \frac{k_1}{\eta_1}\right)\dot{\sigma} + \frac{k_1 k_2}{\eta_1 \eta_2}(\sigma - \sigma_s) = k_2\ddot{\varepsilon} + \frac{k_1 k_2}{\eta_1}\dot{\varepsilon} \quad (\sigma \geqslant \sigma_s)
\end{aligned}
\right\}
\tag{10-63}
$$

（2）蠕变方程。

$$
\left.
\begin{aligned}
&\varepsilon = \frac{\sigma_0}{k_1} + \frac{\sigma_0}{k_2}(1 - e^{-\frac{k_2}{\eta_1}t}) \quad (\sigma < \sigma_s) \\
&\varepsilon = \frac{\sigma_0}{k_1} + \frac{\sigma_0}{k_2}(1 - e^{-\frac{k_2}{\eta_1}t}) + \frac{\sigma_0 - \sigma_s}{\eta_2}t \quad (\sigma \geqslant \sigma_s)
\end{aligned}
\right\}
\tag{10-64}
$$

Price 体模型反映:当应力水平较低时,开始变形较快,一段时间后逐渐趋于稳定成为稳定蠕变,当应力水平等于和超过岩土某一临界应力值(如 σ_s)后,逐渐转化为不稳定蠕变,它能反映许多岩土蠕变的这两种状态,故此模型在岩土流变学中应用广泛,它特别适用于反映软岩、黏土的流变特征。

10.2.3.9　Bingham 体

Bingham 体由一个弹簧和一个理想黏塑性体串联而成,其力学模型如图 10-17 所示。

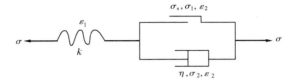

图 10-17　Bingham 体力学模型

(1)本构方程。对于弹簧,有

$$\varepsilon_1 = \frac{\sigma}{k}, \dot{\varepsilon}_1 = \frac{\dot{\sigma}}{k} \tag{10-65}$$

对于理想黏塑性体,有

$$\left. \begin{array}{l} 当 \sigma_1 < \sigma_s 时,\varepsilon_2 = 0, \dot{\varepsilon}_2 = 0 \\ 当 \sigma_1 \geqslant \sigma_s 时,\dot{\varepsilon}_2 = \dfrac{\sigma_1 - \sigma_s}{\eta} \end{array} \right\} \tag{10-66}$$

因此,Bingham 体的本构方程为

$$\left. \begin{array}{l} 当 \sigma < \sigma_s 时,\varepsilon = \dfrac{\sigma}{k}, \dot{\varepsilon} = \dfrac{\dot{\sigma}}{k} \\ 当 \sigma \geqslant \sigma_s 时,\dot{\varepsilon} = \dfrac{\dot{\sigma}}{k} + \dfrac{\sigma - \sigma_s}{\eta} \end{array} \right\} \tag{10-67}$$

(2)蠕变方程。在恒定应力 σ_0 作用下,$\dot{\sigma} = 0$。

当 $\sigma < \sigma_s$ 时,理想黏塑性体没有变形,只有弹簧有变形,但没有蠕变。

当 $\sigma_0 \geqslant \sigma_s$ 时,才会有蠕变发生,此时式(10-67)第二式变为

$$\dot{\varepsilon} = \frac{\sigma_0 - \sigma_s}{\eta} \tag{10-68}$$

解此微分方程,得

$$\varepsilon = \frac{\sigma_0 - \sigma_s}{\eta}t + C \tag{10-69}$$

当 $t = 0$ 时,$\varepsilon = \dfrac{\sigma_0}{k}$,故 $C = \dfrac{\sigma_0}{k}$,因此在 $\sigma_0 \geqslant \sigma_s$ 时,Bingham 体的蠕变方程为

$$\varepsilon = \frac{\sigma_0 - \sigma_s}{\eta}t + \frac{\sigma_0}{k} \tag{10-70}$$

由式(10-70)表示的蠕变曲线如图 10-18 所示。

（3）松弛方程。若保持应变值 ε_0 恒定，则有 $\dot{\varepsilon} = 0$。若此时的应力值 $\sigma < \sigma_s$ 时，则理想黏塑性体仍为刚体，没有变形。此时的 Bingham 体相当于一个弹簧，没有松弛。

在 $\sigma \geqslant \sigma_s$ 时，Bingham 体的松弛方程为

$$\sigma = \sigma_s + (\sigma_0 - \sigma_s)\mathrm{e}^{-\frac{k}{\eta}t} \tag{10-71}$$

当 $t = 0$ 时，$\sigma = \sigma_0$；当 $t \to \infty$ 时，$\sigma = \sigma_s$。

由此可见，Bingham 体保持应变恒定条件下发生的应力松弛，不像 Maxwell 体那样应力降至零，而是降至 σ_s，如图 10-19 所示。

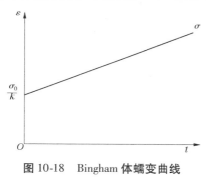

图 10-18　Bingham 体蠕变曲线　　　　　　图 10-19　Bingham 体松弛曲线

10.3　岩石流变力学试验研究

10.3.1　岩石流变力学试验概述

在高应力、高温、高渗透压及较强的时间效应作用下，深部围岩表现出工程软岩的特征。即使是围岩强度大于 25 MPa 的工程岩体，也会产生显著的塑性大变形。岩石的力学模型应建立在统计分析岩石力学试验结果的基础上，利用试验数据拟合可以得出蠕变经验公式，以了解岩石材料在给定条件下的力学特征。岩石的流变与黏性变形时效是与其力学效应相辅相成的，对软岩和极软岩、节理裂隙发育或高地应力条件下，这种黏性变形时效就更为明显，成为工程设计计算中必须考虑的主要因素。中国学者在岩石材料流变学的研究方面虽然起步比较晚，但发展较快，主要得益于大规模岩石工程建设的需要。20世纪 80 年代初，同济大学就研制了 RV－84 岩体弱面剪切流变仪（1982），结合若干软岩地区水工隧洞、地下厂房和矿山井巷工程进行流变试验研究，不仅对完整岩块，而且对岩石节理的剪切流变效应作了分析探讨；武汉水利电力大学研制了 RYS－7 型岩石三轴流变仪（1982）；中国科学院地球物理研究所研制了多功能高温、高压条件下的岩石三轴流变仪（1985）等。这些试验设备的研制和应用，大大促进了岩石流变力学在我国的发展。我国学者在岩石流变学理论与应用方面进行了不少研究工作，已故的陈宗基教授在中国率先建立了岩石流变的扩容方程，其特点是不仅考虑一般的蠕变，而且考虑其扩容变形也随时间增长而发展；并将这一理论应用于矿山井巷围岩稳定性评价以及岩爆和地理方面的研究。孙钧结合一些水电站地下厂房围岩流变研究，对岩块、节理和软弱夹层以及断裂

破碎带的非线性流变特性分别进行了深入细致的研究。

　　岩石试验是岩石力学的基础，是研究岩石力学与工程的重要手段之一，岩石流变试验是认识岩石流变性质的主要途径。室内试验具有可长期观察、严格控制试验条件、排除次要因素、重复次数多和耗资少等特点，因而受到广泛应用。岩石的蠕变性试验研究最早可追溯到 20 世纪 30 年代。1939 年，Griggs 提出，在砂岩、泥板岩和粉砂岩等岩石中，当荷载达破坏荷载的 12.5% ~80% 时就发生蠕变。此后的几十年里，有关岩石材料流变性态的资料和成果越来越趋于丰富和完善。陈宗基对宜昌砂岩进行过 8 400 h 的蠕变试验，研究了岩石的封闭应力、蠕变和扩容现象。众多的流变（蠕变）试验研究表明，在单轴压缩情况下，恒载较低时多数岩石表现为黏弹性固体特性；当压应力超过一定量值后，多表现为黏塑性流体性态。岩石的横向蠕变比轴向蠕变更显著，某些砂岩和凝灰岩在单轴压缩条件下都有比较明显的体积蠕变特性。一些岩石在不同蠕变阶段的轴向和横向蠕变曲线的形状相类似。由于压缩蠕变的发展，使岩石的长期强度、弹性模量和泊松比大为降低并随时间而变化。在单轴拉伸、扭转和弯曲恒载下，岩石会发生更加明显的蠕变。即使在较低的应力水平下，也容易显现出黏弹塑性流体的蠕变性态。在卸载条件下，较高应力下产生的变形一部分可以立即恢复，即回弹；而另一部分则需经过一段时间逐渐恢复，这种变形称为逆蠕变。对工程岩体而言，这种回弹和逆蠕变更值得关注。在双轴和三轴压缩的复杂应力状态下，岩石和岩体亦会发生蠕变，其蠕变性态受各方向应力大小和加载路径的影响。在恒定轴压和围压下，轴向蠕变应变随时间的增加而显著地增长；在围压恒定而轴压增加时，时间—应变曲线特征与单轴压缩相似。总之，岩石和岩体在复杂应力状态下的流变特性与差应力密切相关：当差应力较小时，变形由衰减蠕变阶段到稳定蠕变阶段；当差应力较大时，产生加速蠕变而破坏。软弱夹层和沿节理结构面的剪切流变性态是决定不连续岩体流变特征的关键。当与节理面正交的法向应力为不同的恒定值时，得到的沿节理面切向各时间的剪应力—剪应变时程曲线表明，节理面的剪切刚度随时间降低，剪切应变速率则随剪应力增加而增加。

　　近年来，岩石的流变试验得到了进一步的发展，取得了一些新的成果。李永盛、夏才初采用伺服刚性机对粉砂岩、大理岩、红砂岩和泥岩 4 种不同岩性的岩石进行了单轴压缩条件下的蠕变和松弛试验，指出在一定的常应力作用下，岩石材料一般都出现蠕变速率减小、稳定、增大三个阶段，但各阶段出现与否及其延续的时间，则与所观测的岩石性质和所施加的应力水平有关；岩石的松弛曲线具有连续型和阶梯型两种典型的变化规律，前者和一般的连续介质比较接近，而后者则具有非连续性和突变性的特征。金丰年利用伺服控制刚性试验机，采用应力反馈控制方法（Stress feedback loading method）获得了多种岩石单轴拉伸试验的完全应力—应变曲线，通过对岩石单轴拉伸、单轴压缩及其荷载速度效应和蠕变试验的研究，首次提出了岩石受拉和受压力学特征具有相似性的理论观点。徐平、杨挺青、夏熙伦对三峡花岗岩进行了单轴蠕变试验，给出了三峡花岗岩的蠕变经验公式，认为三峡花岗岩存在一个应力门槛值 σ_s。当应力水平低于 σ_s 时，采用广义 Kelvin 模型来描述三峡花岗岩的蠕变特性；当应力水平高于 σ_s 时，采用西原模型来描述，并给出了相应的蠕变参数。由于岩体开挖卸荷过程中会引起岩石受拉破坏，且流变效应十分显著，吴刚根据与工程实际相对应的原则，对红砂岩试样进行了四种类型的卸荷破坏试验。

　　试验表明,岩石的弹性参数和蠕变参数并非定值,而是时间的函数;软岩的强度和弹性模量随时间的延长而降低,且变化规律具有相似性,这种现象可以用损伤力学的方法进行描述。岩石破坏是一个渐进过程。岩石宏观破坏是介质中裂纹起裂、扩展和连接的结果,岩石流变损伤、断裂具有时效特性。邓广哲、朱维申应用试验手段,得到了裂隙岩体强度弱化与裂隙扩展之间的基本关系,指出在岩体长期稳定性分析过程中,应该注意裂隙的出现与扩展是岩体岩性弱化的重要因素之一,主裂纹的产生与时效扩展是间断裂隙岩体蠕变的内在机制,裂隙扩展和裂隙岩体蠕变都具有阶段阈值,两者有一定的内在联系。

　　岩石流变研究面临许多复杂的问题。为了消除岩石试件的尺寸效应影响(岩石组成的多种结晶矿物,矿物或晶体的粒径、节理、裂隙、岩石块体的尺寸等对试验结果的影响),试样尺寸一般都相当大;地质构造应力作用(甚至是多次重复)又使得变形滞后与应力松弛非常复杂,这就要求岩石流变试验设备能维持长期、稳定的高载荷,有特殊的加载装置和长期稳定的测量仪表。因此,探讨新的试验理论与方法,是当前岩石流变学研究中非常重要的方面。总之,岩石流变试验是开展岩石流变研究的基础性工作,但是目前有关岩石流变力学参数的数据还很缺乏,应大力提倡岩石流变的试验工作,以推动岩石流变理论研究。

10.3.2　岩石蠕变与松弛的等价性

　　伴随蠕变总会有应力松弛。当岩体开挖时,会引起瞬间变形,这种变形包括弹性和塑性两部分。此后,将会发生如图 10-20 所示的时效响应。由于边界条件不同,部分岩体在变形受到约束时发生应力松弛,部分载荷将转移到它附近的岩体而引起蠕变,蠕变的发展,又进一步引起岩体内的应力松弛。这样,从时间 $t=0$ 的蠕变为零增大到当 $t \rightarrow +\infty$ 时的 $\dfrac{\sigma}{E_\infty}$,E_∞ 为长期弹性模量。在一般情况下,蠕变的积累应变可能小于 $\dfrac{\sigma}{E_\infty}$,应力将松弛到极限应力值 σ_s,这主要是因为岩石的矿物晶体内位错运动受到晶格阻尼或溶解于晶体的杂质原子引起的。从物理学上看,蠕变与松弛只是材料长期力学性质的一种理想化力学模型,它们为同一物理力学机制所控制。蠕变和松弛的宏观区别是,蠕变过程中外界向受力系统供给能量,应力松弛过程中外界不向受力系统供给能量。蠕变是在长期不变的应力作用下,结构内部强度弱化和内摩擦变化,使部分或全部蠕变变形能消耗,因此需要外部补充能量以维持系统的平衡;应力松弛只是由于材料结构弱化而引起内应力降低,弱化过程伴随的内摩擦消耗能量,靠材料初始积累的变形能来补偿。

　　蠕变试验和松弛试验也具有等价性。这可以从蠕变型积分方程和松弛型积分方程的积分得到证明。只要获得蠕变或松弛的一种积分方程,则另一种积分方程也可获得,因此研究蠕变或松弛都可求解材料的流变问题。图 10-21 表示从松弛试验结果到蠕变试验结果的转化过程。蠕变试验与松弛试验的等价性,使我们可进行流变试验的外推。岩体工程的服务年限一般以百年计,地质学与地球物理学则以地质年代作为时域尺度,这样长时间的岩体流变试验是不可能的,只有借助于应力松弛试验来推断蠕变试验结果。同样,若需要研究岩石的松弛特性,由于松弛试验比蠕变试验在技术上更难以实施,则同样可用蠕变试验结果来间接地分析材料的松弛特性。

　　假设已经进行了一组不同恒应变 ε_{0i} 的松弛试验(由初始应力 σ_{0i}),如图 10-21(a)、

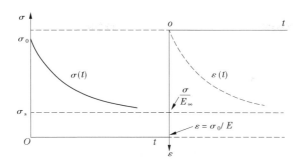

图 10-20　时效材料的力学响应

(b)所示。如果选择某一应力 σ^*,它满足 $\sigma^* < \sigma_{0i}$,则在各次试验的曲线上,可找到应力松弛到此一应力值时的响应时间 $t_1^*,t_2^*,t_3^*,\cdots$。

另一方面,若以应力恒定来进行蠕变试验,可以获得如图 10-21(e)所示的变形图,在变形图上可以找到蠕变所积累的应变达到 ε_{0i} 时所对应的时间 $t_1,t_2,t_3,\cdots$。

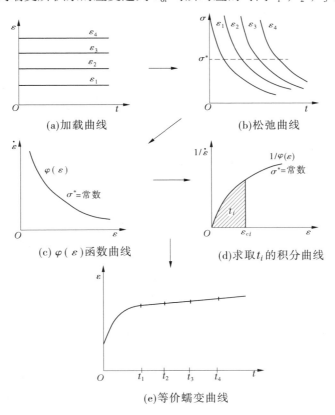

(a)加载曲线

(b)松弛曲线

(c) $\varphi(\varepsilon)$ 函数曲线

(d)求取 t_i 的积分曲线

(e)等价蠕变曲线

图 10-21　从松弛试验结果转换到蠕变曲线方法示意图

10.3.3 岩石流变仪

岩石流变试验装置分两种类型:蠕变仪和松弛仪。流变仪的设计关键是所加载荷(应力或应变)的稳定性的长期控制。荷载保持主要有以下三种方法:

(1)用砝码加固定荷载,并用杠杆系统增大这种荷载。

(2)用油—气储能器在一定时间稳定荷载,时间延长用人工手动调节,容许荷载在一定范围内波动。

(3)采用闭环式的伺服控制,保持一定误差范围内的荷载稳定,并且有自动采样记录功能。

在这三种基本方法的基础上,也有利用它们作联合的控制方法,具体由试验对象、目的与已有技术条件而定。

10.3.3.1 岩石蠕变仪

岩石流变试验有单轴抗压蠕变试验、扭转蠕变试验、剪切蠕变试验、三轴蠕变仪试验和真三轴蠕变试验。单轴抗压蠕变试验是最常用的。我国最早设计的岩石流变试验装置(陈宗基、刘雄,1965)仪器结构如图 10-22 所示。它利用杠杆系统对圆柱形试件施加恒定扭矩,以保持蠕变试验的长期稳定性;试体变形以试件的相对扭转角测定,即由卡在试件上的两个环形表架上的千分表测定。设计试件为直径 80～120 mm 的钻孔岩芯,试件的采集与加工非常方便。该设备可对软岩和高强度岩石进行试验。曾成功用于葛洲坝砂岩、大冶矿铁山大理岩和三斗坪花岗岩的蠕变断裂试验,测定其长期(抗拉)强度。

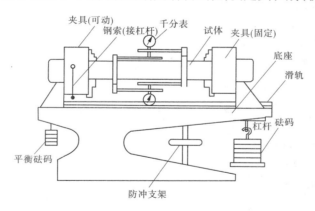

图 10-22　岩石流变试验装置仪器结构

在岩石剪切流变研究中,岩石剪切流变仪 JQ－200 在我国有一定的代表性。它是在 20 世纪 70 年代末研制成功的,其主机部分如图 10-23 所示。试验系统由主机(中型剪切仪)、加荷系统(电动油泵或手动油泵)、油－气蓄能稳压器所组成。试件为立方体,最大试件可达 20 cm×20 cm×20 cm。垂直压力为 40 t,侧向压力为 100 t。为防止试件受剪时后部出现拉应力,侧向千斤顶作用力与水平面成 15°角,并使合力通过试体受剪面的中心。

中国科学院地球物理研究所于 1982 年研制成了一种可对试件加温和进行加载过程中试件空隙水压变化观测的三轴流变仪,它可以用于研究围压、孔隙压力、荷载作用时间和温度对岩石力学性能的影响、各种流体对岩石的软化效应以及岩石在复杂应力状态下的渗透

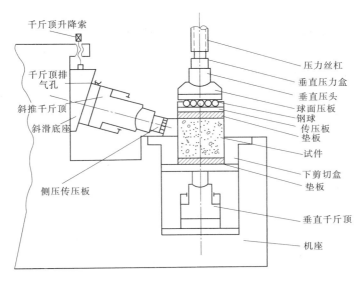

图 10-23　岩石剪切流变仪

性。该仪器由四部分组成:稳压器、增压器、恒温控制箱、三轴高压室。加力系统 – 三轴高压室设计紧凑、小巧,置于恒温箱内,对加热试验可极大地降低能耗,它能对岩石试样施加长期轴向压力和侧向液压。岩石三轴流变仪如图 10-24 所示。其工作原理如下:由稳压器输出的恒定油压输入轴压和围压增压器及油水转换单元中,然后两种压力油分两路,一路通过三轴室顶部的室帽进入轴室上腔作用于轴向活塞向试体加轴压;另一路从室底座侧边进入空腔作用于试体,向试体施加的孔隙水压则通过室底座的中央加至试体的底部。

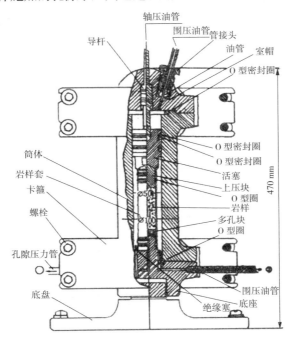

图 10-24　岩石三轴流变仪

10.3.3.2　岩石松弛仪

图 10-25 是一种岩石单轴松弛仪,试验装置由 4 根具有高刚度的载荷柱框架组成,试样加载用螺旋千斤顶来实现,千斤顶由带有减速齿轮的电动机驱动,千斤顶内装有荷载传感器。试样保持恒定变形的调节由微机控制的电子驱动螺旋千斤顶以闭环系统控制,用数字应变仪获得试件的实际长度,其精度为 1 μm。该装置的最大调节速度取决于电机的输出功率、荷载柱框架的刚度、螺旋千斤顶以及试件停止加载后的应力松弛速率。环境温度对试件松弛性质影响很大,故整个装置安放于温度变化控制在 ±0.1 K 的恒温箱内,通过 x—t 函数记录仪记录试验结果。

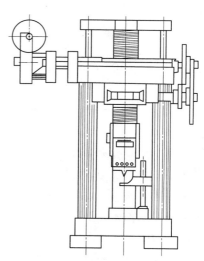

　　由于岩体内的泥化夹层往往很薄,一般在毫米量级,若使用单剪流变试验测定其力学性能,加载后其剪切强度会急剧减弱,故一般适于用松弛法进行研究。图 10-26 为用于这一目的软弱夹层应力松弛仪。该应力松弛仪的剪切盒下盒以连杆与蜗轮杆的推进轴相连接,使下盒的水平位移完全由蜗轮蜗杆系统带动,位移的大小和方向通过手轮的转数和转向控制,以千分表量测。在上、下剪切盒接触面上开有两道对应于剪切方向的 V 型滚珠槽。上、下盒之间的缝的宽度用不同直径的滚珠控制(3 ~ 4 mm),使缝宽相当于泥化夹层的厚度,施加常应变后夹层内的应力变化通过测力钢环测定,钢环可以由千分表或电阻应变仪读数。

图 10-25　岩石单轴松驰仪

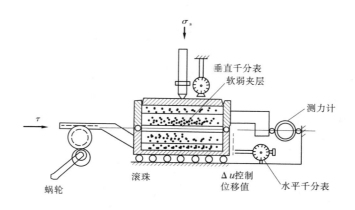

图 10-26　软弱夹层应力松驰仪

10.4　深井硐室围岩的流变力学特性试验

10.4.1　深井及其硐室围岩概况

　　枣庄矿业(集团)公司田陈煤矿位于山东省滕州市南部,矿井位于滕南矿区中部,井田跨滕州市张汪镇和微山县欢城镇。井口位置北距滕州市 18 km,南至微山县 16 km,主井口标高 +45.00 m。田陈煤矿的周边有金庄生建煤矿、蒋庄煤矿、岱庄煤矿和微山湖矿业有限责任公司一、二号井,东北为武所屯生建煤矿和七五煤矿。田陈煤矿矿井位置如图 10-27 所示。

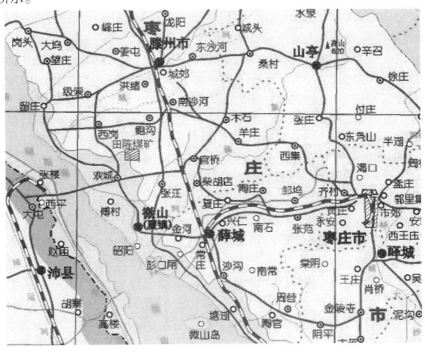

图 10-27　田陈煤矿矿井位置

10.4.1.1　深井硐室围岩结构组成

　　井田内共有可采煤层和局部可采煤层 6 层,即 $3_{上}$、$3_{下}$、$12_{下}$、14、16 和 17 煤层。其中 $3_{上}$、$3_{下}$、$12_{下}$ 和 16 煤层为较稳定煤层,14 和 17 煤层为不稳定煤层。

　　$3_{上}$ 煤层顶板一般由伪顶、直接顶和老顶组成。伪顶多为炭质泥岩,层理发育,厚 0.5 m 左右,属于不稳定围岩。直接顶多为泥质砂岩、砂质泥岩,局部为黏土岩,有时为砂泥岩互层,层理发育,分层厚度 0.2 m 左右,裂隙一般少于 1 条/m,属于中硬岩石,中等稳定顶板。老顶为中细粒长石石英砂岩,属于稳定性较好的围岩。局部地区老顶砂岩直接覆盖于 $3_{上}$ 煤层之上。$3_{上}$ 煤层底板由伪底、直接底等组成。伪底厚 0.5 m 左右,为炭质泥岩、泥岩,为不稳定围岩。直接底厚 2~4 m,主要由泥岩、砂岩组成,属于中等稳定围岩。直接底以下即为 $3_{下}$ 煤层的老顶。

　　$3_{\text{下}}$煤层顶板一般只有老顶,局部有 0.5 m 厚的伪顶或 2 m 左右的泥质砂岩直接顶。老顶为泥质、菱铁质胶结的中细粒长石石英砂岩,中厚层,交错层理发育,中小裂隙发育。属于坚固岩石,但是局部由于含大量泥质包裹体或层理面上泥质、炭质增多,使其稳定性变差而产生片落。$3_{\text{下}}$煤层底板多为泥质砂岩,中等硬度,局部为坚硬的中细砂岩,厚度为 4 ~ 6 m,属于稳定围岩。

　　$12_{\text{下}}$煤层顶板主要为泥岩、粉砂岩,底板为泥岩、砂质泥岩,有时为粉砂岩。

　　16 煤层顶板为第十层石灰岩,底板一般为粉砂岩、砂质泥岩,少数是泥岩和细砂岩。

　　枣庄矿业(集团)有限责任公司田陈煤矿于 1989 年 12 月 26 日建成投产,全区设计分两个水平开采,第一水平 – 370 m,第二水平 – 650 m。经过多年的开采,积累了丰富的各类地质条件下的巷道支护技术及措施。但是随着开采深度的增加,受复杂的工程地质条件、高应力、岩体破碎蠕变、遇水膨胀等不利因素的影响,巷道围岩将表现出明显的碎胀蠕变特性,以往的研究成果和实践经验已不能完全满足现有生产的需要,使得深部巷道支护问题更加突出。研究由于开采深度增加、服务年限延长所导致的流变围岩巷道稳定性机理问题尤为重要,需要通过分析巷道围岩的应力规律、蠕变变形特性、试验流变力学特性等,建立针对围岩流变特点的巷道稳定性控制理念。

　　随着矿山开采深度的增加,岩石各向异性增强、岩体流变变形趋于明显,但是对不同的岩石,其流变性质不尽相同。例如,围压条件的改变、岩体裂隙发育规律、弱面特征等因素影响下,工程岩体将在不同稳定性状态之间转换,且即使在同一状态下,其稳定性程度亦有所差异。统计田陈煤矿深部 19 条典型巷道的围岩结构组成,包括 $3_{\text{下}}$324 轨道巷、$3_{\text{下}}$集中轨道巷、$3_{\text{下}}$320 运输巷、北三左翼集轨、$3_{\text{下}}$530 里段轨道巷、$3_{\text{下}}$530 里段运输巷、$3_{\text{下}}$7311(里)轨道巷、$3_{\text{下}}$7311(里)运输巷、7108 运输巷、$3_{\text{下}}$7108 轨道巷、七二采区轨道下山(上车场)、七二皮带检修巷/皮带下山、南四采区 – 472 车场、$3_{\text{下}}$317 轨道巷、$3_{\text{下}}$320 轨道巷、$3_{\text{下}}$322 轨道巷、$3_{\text{下}}$7308 轨道巷、$3_{\text{下}}$7311(外)轨道巷和南四采区轨道下山的围岩结构,以集中研究对巷道稳定性影响程度较高的深部围岩流变特征。可知,田陈煤矿典型的深井巷道赋存深度范围为 409.3 ~ 829 m,且近 2/3 巷道的最大埋深超过了 700 m;对巷道围岩稳定性影响较大的主导岩性为砂质泥岩、中砂岩、$3_{\text{下}}$煤、中细砂岩、$3_{\text{上}}$煤、细砂岩、粉砂质泥岩、八灰、$12_{\text{下}}$煤、16 煤、十下灰和 $16_{\text{下}}$煤等,其中深部的砂质泥岩、煤和中细砂岩尤为关键。统计结果对深井硐室围岩分类岩样的现场采集,以及现场围岩流变特性的矿压观测位置确定、试验研究结果的应用,具有直接指导作用。

10.4.1.2　硐室围岩岩样的分类采集

　　实际现场岩(煤)芯(块)的综合采集信息,见表 10-5。例如 2010 年 5 月 1 日,首批现场岩样采集于北区(北风井)的 $3_{\text{下}}$7104 轨道巷:采样点的埋深约 750 m,为中细砂岩,取岩芯 4 块,直径 89 mm,位于 3 煤顶板的约 3 m 及其以上位置,钻进方向与岩层层面的夹角约为 29.6°,运抵实验室内加工出 3 块标准试件。

表 10-5　实际岩(煤)芯(块)采集信息

序号	采样时间 (年.月.日)	详细采样地点	埋藏深度 (m)	岩性	岩样相对于巷道		岩样特征	备注
					距巷道表面(m)	位置		
①	2010.5.1	3下7104 轨道巷	750	中细砂岩	3	顶板	钻进方向与层面夹角29.6°	3 标件
②	2010.8.4	530 运输巷变坡点 (20°→50°) 掘进头断层	670	中砂岩	0~0.5	顶板	一理想大块,可取多块标件	1 大块
③	2010.8.4			细砂岩	0~0.2	底板	一掌状,不规则	1 小块
④	2010.8.4	北三左翼集轨 Z8 附近	620	砂质泥岩	0~0.15	迎头	一块砚台型,另两块特征不明显,较厚,裂隙发育	3 块
⑤	2010.5.31	坐标 (3 874 635.885, 39 513 869.693)	896.59~898.91	灰岩	3 煤埋深833.8	地面打钻取芯φ70	最短	2010-1 钻孔 1 块
⑥	2010.5.25	坐标 (3 874 635.885, 39 513 869.693)	813.74~816.64	中砂岩	3 煤埋深833.8		较短	2010-1 钻孔 1 块
⑦	2010.5.25	坐标 (3 873 186.221, 39 510 991.562)	584.6~594.9	中砂岩	3 煤埋深602.8		最长	2010-3 钻孔 1 块
⑧	2010.6.29	坐标 (3 872 949.673, 39 510 565.072)	537.2~537.7	中砂岩	3 煤埋深542.4		较长	2010-4 钻孔 1 块
⑨	2010.8.8	从主井地面拣选皮带取煤块	670、780、770	3 煤	此时的三个在采工作面 3下317、320、7104 的采深			2 块
⑩	…	…	…	…	…		…	…

10.4.2　深井硐室围岩的流变力学特性试验曲线

深井硐室围岩的流变力学特性试验设计及参数确定,见表 10-6。

表 10-6　深井硐室围岩的流变力学特性试验设计及参数确定

序号	岩性	试件编号	试件尺寸（mm × mm）	试验类别	围压（MPa）	瞬时荷载（应变）施加速度	加载级别（MPa）/应变水平(%)	流变试验历时（s）	备注
①	中细砂岩	ZXSY – 1	φ48 × 103	单轴蠕变	0	0.5 MPa/s	50 MPa	7 301	稳定
							55 MPa	7 142	稳定
							60 MPa	7 255	稳定
							65 MPa	7 299	稳定
							70 MPa	7 104	稳定
							75 MPa	7 194	稳定
							80 MPa	675	破坏
		ZXSY – 2	φ48 × 103	单轴松弛	0	0.002 3/min	0.17%	385	1 级破坏
		ZXSY – 3	φ48 × 101	单轴松弛	0	0.002 3/min	0.17%	0	加载破坏
②	中砂岩	ZSY – 1	φ48 × 103	单轴蠕变	0	0.5 MPa/s	60 MPa	0	加载破坏
		ZSY – 2	φ48 × 103	单轴蠕变	0	0.5 MPa/s	30 MPa	7 886	1 级破坏
		ZSYSC	φ48 × 105	单轴松弛	0	0.002 3/min	0.10%	7 226	稳定
							0.12%	7 199	稳定
							0.13%	7 197	稳定
							0.14%	7 200	稳定
							0.15%	7 194	稳定
							0.17%	7 478	稳定
							0.19%	7 200	稳定
							0.21%	7 199	稳定
							0.23%	6 294	稳定
							0.27%	150	破坏
		Tri – ZSYCR – 1	φ48 × 100	三轴蠕变	10	0.5 MPa/s	30 MPa	7 260	稳定
							40 MPa	7 192	稳定
							50 MPa	6 643	破坏
		Tri – ZSYCR – 2	φ48 × 101	三轴蠕变	20	0.5 MPa/s	30 MPa	7 255	稳定
							40 MPa	7 240	稳定
							50 MPa	7 199	稳定
							60 MPa	7 202	稳定
							70 MPa	1 847	破坏
③	细砂岩	XSY – 1	φ48 × 103	单轴蠕变	0	0.5 MPa/s	5 MPa	7 200	稳定
							8 MPa	7 200	稳定
							10 MPa	33	破坏

续表 10-6

序号	岩性	试件编号	试件尺寸（mm×mm）	试验类别	围压（MPa）	瞬时荷载（应变）施加速度	加载级别（MPa）/应变水平(%)	流变试验历时（s）	备注
④	砂质泥岩	Snycr – 04	φ48×95	单轴蠕变	0	0.25 MPa/s	30 MPa	1 934	稳定
							35 MPa	1 954	稳定
							40 MPa	165	破坏
⑤	灰岩	hycr	φ70×76	单轴蠕变	0	+0.5 MPa/s	25 MPa	31 323	稳定
						−0.01 MPa/s	30 MPa	106	破坏
⑥	中砂岩	ZSY – Creep	φ69×78	单轴蠕变	0	0.5 MPa/s	40 MPa	88	加载破坏
⑦	中砂岩	Tri – ZSYCR	φ69×142	三轴蠕变	15	+0.5 MPa/s	70 MPa	6 192	稳定
						−0.025 MPa/s	90 MPa	8 516	破坏
⑧	中砂岩	ZSY – Creep – 2	φ69×128	单轴蠕变	0	0.5 MPa/s	10 MPa	7 220	稳定
							15 MPa	7 199	稳定
							25 MPa	7 195	稳定
							35 MPa	7 195	稳定
							40 MPa	7 183	稳定
							50 MPa	7 195	稳定
							60 MPa	3 598	破坏
⑨	3 煤	CoalCreep – 1	φ48×79	单轴蠕变	0	0.5 MPa/s	14 MPa	2 692	破坏
		CoalCreep – 2	φ48×75	单轴蠕变	0	0.5 MPa/s	6 MPa	7 213	稳定
							8 MPa	7 198	稳定
							10 MPa	7 198	稳定
							12 MPa	7 202	稳定
							15 MPa	7 203	稳定
							18 MPa	7 197	稳定
							21 MPa	7 203	稳定
							24 MPa	7 186	稳定
							27 MPa	20	破坏
		Tri – CoalCR – 1	φ48×97	三轴蠕变	10	0.5 MPa/s	25 MPa	4 866	稳定
							30 MPa	7 259	稳定
							35 MPa	1 332	破坏
		Tri – CoalCR – 2	φ48×103	三轴蠕变	20	0.5 MPa/s	30 MPa	7 253	稳定
							35 MPa	7 205	稳定
							40 MPa	5 413	稳定
							50 MPa	1 161	稳定

续表 10-6

序号	岩性	试件编号	试件尺寸 (mm×mm)	试验类别	围压 (MPa)	瞬时荷载 (应变) 施加速度	加载级别 (MPa)/应变水平(%)	流变试验历时 (s)	备注
⑨	3 煤	CoalSC-1	φ48×87	单轴松弛	0	0.002 3/min	0.24%	7 280	稳定
							0.26%	7 196	稳定
							0.28%	7 206	稳定
							0.31%	7 196	稳定
							0.34%	7 190	稳定
							0.37%	7 203	稳定
							0.42%	7 705	稳定
							0.47%	5 411	破坏

所得深井硐室围岩的流变力学特性试验曲线,如图 10-28 ~ 图 10-44 所示。

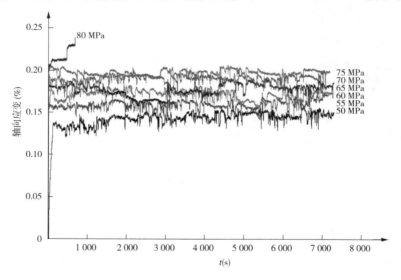

图 10-28　①ZXSY-1 单轴蠕变试验曲线

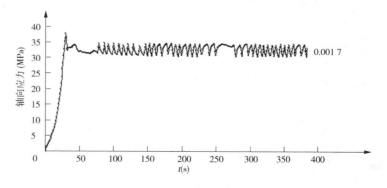

图 10-29　①ZXSY-2 单轴应力松弛试验曲线

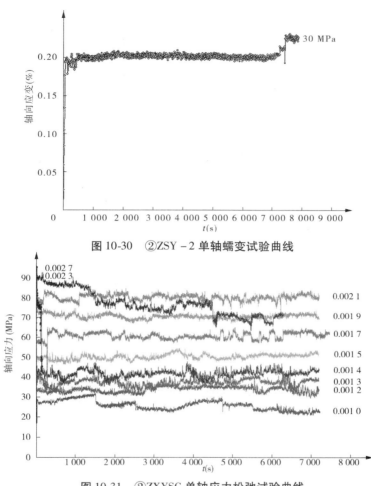

图 10-30　②ZSY – 2 单轴蠕变试验曲线

图 10-31　②ZXYSC 单轴应力松弛试验曲线

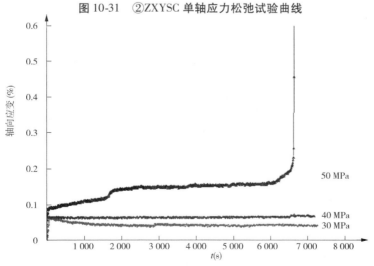

图 10-32　②Tri – ZSYCR – 1 三轴蠕变试验曲线(围压 10 MPa)

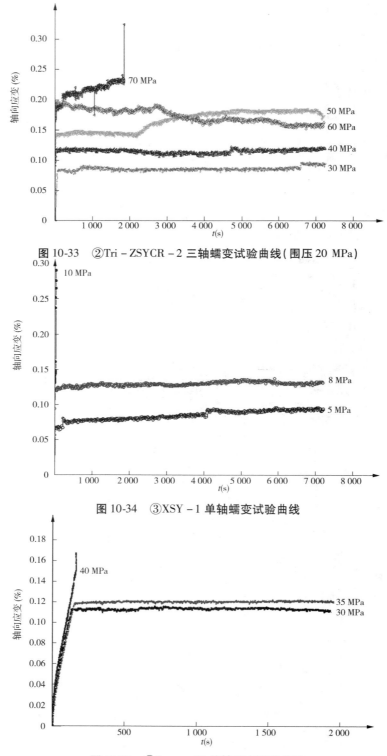

图 10-33　②Tri – ZSYCR – 2 三轴蠕变试验曲线(围压 20 MPa)

图 10-34　③XSY – 1 单轴蠕变试验曲线

图 10-35　④Snycr – 04 单轴蠕变试验曲线

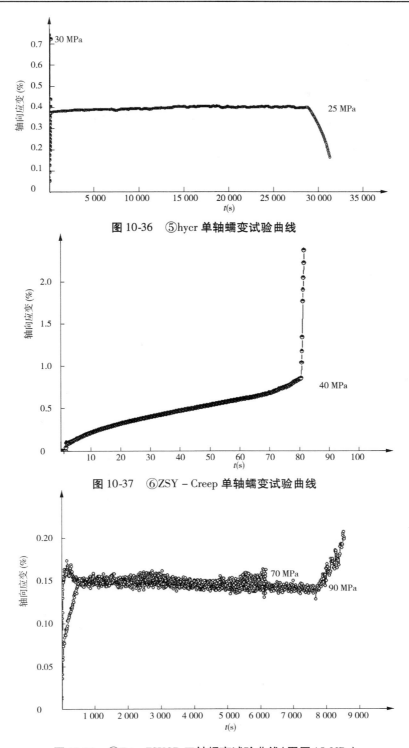

图 10-36　⑤hycr 单轴蠕变试验曲线

图 10-37　⑥ZSY－Creep 单轴蠕变试验曲线

图 10-38　⑦Tri－ZSYCR 三轴蠕变试验曲线(围压 15 MPa)

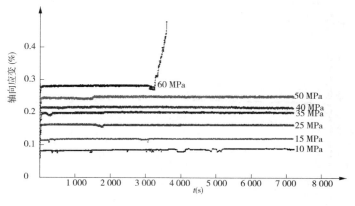

图 10-39　⑧ZSY－Creep－2 单轴蠕变试验曲线

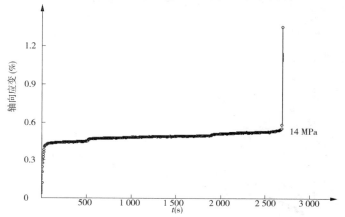

图 10-40　⑨CoalCreep－1 单轴蠕变试验曲线

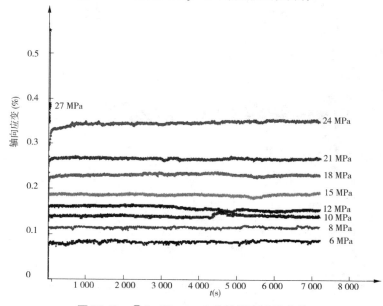

图 10-41　⑨CoalCreep－2 单轴蠕变试验曲线

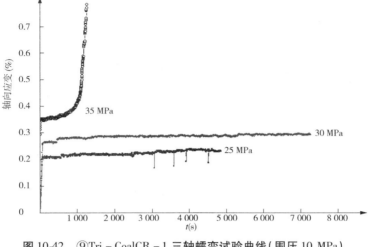

图 10-42 ⑨Tri – CoalCR – 1 三轴蠕变试验曲线(围压 10 MPa)

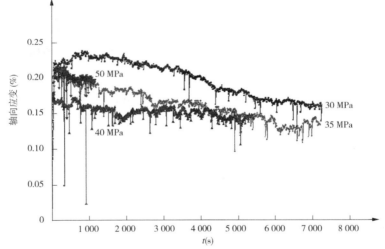

图 10-43 ⑨Tri – CoalCR – 2 三轴蠕变试验曲线(围压 20 MPa)

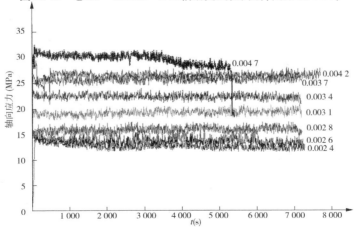

图 10-44 ⑨CoalSC – 1 单轴应力松弛试验曲线

10.4.3 深井硐室围岩的流变力学特性

Burgers 模型即 M - K 体,是由马克斯韦尔模型和开尔文模型串联组成的结构模型。Burgers 模型具有瞬时应变,然后应变以指数递减的速率增长,最后趋于不变速率增长,即 $\dot{\varepsilon}$ 趋于定值。Burgers 模型是描述有 Ⅰ、Ⅱ 阶段蠕变曲线的较好而且最简单的模型。由岩石的物理特性和蠕变试验曲线的几何形态可见,应用 Burgers 模型研究蠕变试验曲线的特征是合理的。

对蠕变试验曲线的第 Ⅰ、Ⅱ 阶段进行 Burgers 模型拟合,得到各应力水平下的相关待定系数,并统计瞬态应变量及总应变量之间的关系,见表 10-7。

表 10-7 岩石蠕变试验曲线的 Burgers 模型拟合待定系数及应变量统计

试样	σ_i (MPa)	E_1 (MPa)	E_2 (MPa)	η_1 (MPa·s)	η_2 (MPa·s)	蠕变量:瞬态应变量(%)
①中细砂岩 ZXSY - 1	50	388	9 116	2.00×10^7	6.55×10^6	(0.12201~0.15006)22.99
	55	353	66 315	6.46×10^7	25.25×10^6	(0.15402~0.16997)10.36
	60	355	19 239	65.65×10^7	12.39×10^6	(0.15661~0.17382)10.99
	65	377	60 440	5.97×10^7	1.15×10^6	(0.18150~0.18476)1.80
	70	377	19 541	13.08×10^7	0.43×10^6	(0.18976~0.19663)3.62
	75	385	76 007	8.73×10^7	0.89×10^6	(0.19591~0.19873)1.44
②中砂岩 Tri - ZSYCR - 1	30	499	48 367	5.86×10^7	0.12×10^6	(0.0642~0.06823)6.28
②中砂岩 Tri - ZSYCR - 2	30	371	21 875	3.67×10^7	13.10×10^6	(0.08014~0.0937)16.92
	40	361	18 180	5.30×10^7	4.76×10^6	(0.11829~0.12189)3.04
②中砂岩 ZSY - 2	30	155	54 613	1.55×10^7	24.88×10^6	(0.19303~0.20365)5.50
③细砂岩 XSY - 1	5	69	44 525	0.15×10^7	65.59×10^6	(0.06223~0.0937)50.57
	8	65	13 145	0.59×10^7	14.27×10^6	(0.11882~0.13104)10.28
④砂泥岩 Snycr - 04	30	279	12 606	1.65×10^7	4.52×10^6	(0.10284~0.11034)7.29
	35	323	1 937	17.18×10^7	80.13×10^6	(0.10927~0.11933)9.21
⑤灰岩 hycr	25	67	1 623	1.14×10^7	1.16×10^6	(0.3726~0.40128)7.70
⑥中砂岩 ZSY - Creep	40	366	106	9 756	5 165	(0.83369~0.85378)2.41

续表 10-7

试样	σ_i (MPa)	E_1 (MPa)	E_2 (MPa)	η_1 (MPa · s)	η_2 (MPa · s)	蠕变量: 瞬态应变量(%)
⑦中砂岩 Tri – ZSYCR	70	499	47 708	4.30×10^7	1.62×10^6	(0.14679 ~ 0.17475)19.05
	90	698	8 977	4.52×10^7	5.04×10^6	(0.13563 ~ 0.14614)7.75
⑧中砂岩 ZSY – Creep – 2	10	126	26 097	0.71×10^7	5.80×10^6	(0.0803 ~ 0.08767)9.18
	15	133	13 609	0.90×10^7	2.18×10^6	(0.11278 ~ 0.12074)7.06
	25	159	48 364	2.81×10^7	3.96×10^6	(0.16025 ~ 0.16226)1.25
	35	181	5 042	11.10×10^7	2.06×10^6	(0.19539 ~ 0.20128)3.01
	40	188	120 696	3.83×10^7	2.55×10^6	(0.21357 ~ 0.21361)0.02
	50	206	56 707	1.66×10^7	13.13×10^6	(0.24297 ~ 0.25104)3.32
	60	221	7 262	8.55×10^7	0.54×10^6	(0.27808 ~ 0.28196)1.40
⑨煤 CoalCreep – 1	14	34	1 096	0.034×10^7	0.19×10^6	(0.39679 ~ 0.53733)35.42
⑨ 煤 CoalCreep –2	6	79	1 582	0.67×10^7	0.046×10^6	(0.06661 ~ 0.08753)31.41
	8	72	66 154	0.75×10^7	1.02×10^6	(0.11149 ~ 0.11613)4.16
	10	75	2 042	2.46×10^7	0.027×10^6	(0.13865 ~ 0.14057)1.38
	15	81	50 598	3.93×10^7	1.80×10^6	(0.18705 ~ 0.18792)0.47
	18	79	7 373	5.26×10^7	6.10×10^6	(0.22443 ~ 0.23194)3.35
	21	79	23 652	3.89×10^7	1.03×10^6	(0.26149 ~ 0.26772)2.38
	24	73	1 924	1.14×10^7	0.65×10^6	(0.31692 ~ 0.34967)10.33
⑨煤 Tri – CoalCR – 1	25	128	2 467	0.42×10^7	0.48×10^6	(0.19365 ~ 0.23014)18.84
	30	116	1 945	1.01×10^7	0.77×10^6	(0.25571 ~ 0.29267)14.45

从岩石流变力学试验曲线的特征可以明显看出,理想的呈负指数规律的初期蠕变阶段特征不明显,稳态蠕变阶段较长,但其斜率并不恒定,具有一定的波动幅度。即岩石的流变特性比较复杂,与其介质不连续和受力环境变化等因素有关。

由表 10-7 可知,E_1 位于 $10 \sim 10^2$ MPa 数量级,E_2 位于 $10^2 \sim 10^5$ MPa 数量级,表明岩石的弹性性质主要受到 2 号虎克体的控制,但弹性性质不强;η_1 位于 10^7 MPa · s 数量级,η_2 位于 10^6 MPa · s 数量级,表明岩石的黏滞性及其流动性主要受 1 号黏壶控制,且岩石的黏滞性较强、流动性较弱;蠕变量在瞬态应变量中的占比多数未超过 10%,表明多数条件下岩石的蠕变程度处于正常的可控范围,少数蠕变量在瞬态应变量中占比异常高的情况是深部开采巷道围岩稳定性控制设计中需要重点考虑的。

10.5　深井硐室围岩流变特性的分类关系

10.5.1　采深(应力水平)与岩石流变特性的关系

由前述已知,岩石的弹性性质主要受到 2 号虎克体的控制,岩石的黏滞性及其流动性主要受 1 号黏壶控制,岩石蠕变量在瞬态应变量中的占比可以定量评价其蠕变程度,故统计中(细)砂岩在采深变化及应力水平不同时的相关单轴试验流变指标,见表 10-8。

表 10-8　中(细)砂岩在采深变化及应力水平不同时的相关单轴试验流变指标

试样	埋深(m)	σ_i (MPa)	弹性(MPa)		黏滞性($\times 10^7$ MPa·s)		位移量分配(%)	
			E_2	平均	η_1	平均	蠕变量:瞬态应变量	平均
⑧中砂岩 ZSY-Creep-2	$\dfrac{537.2 \sim 537.7}{537.45}$	10	26 097	39 682	0.71	4.22	9.18	3.61
		15	13 609		0.90		7.06	
		25	48 364		2.81		1.25	
		35	5 042		11.10		3.01	
		40	120 696		3.83		0.02	
		50	56 707		1.66		3.32	
		60	7 262		8.55		1.40	
②中砂岩 ZSY-2	670	30	54 613	54 613	1.55	1.55	5.50	5.50
①中细砂岩 ZXSY-1	750	50	9 116	41 776	2.00	16.98	22.99	8.53
		55	66 315		6.46		10.36	
		60	19 239		65.65		10.99	
		65	60 440		5.97		1.80	
		70	19 541		13.08		3.62	
		75	76 007		8.73		1.44	

由表 10-8 可见,随着埋深由 537.45 m 增加到 750 m,中(细)砂岩的平均弹性、黏滞性及蠕变量在瞬态应变量中的占比呈上升趋势,但是其弹性增加幅度明显低于黏滞性的增加幅度,表明随采深的增加中(细)砂岩的黏滞性趋强。随采深的增加,蠕变量在瞬态应变量中的占比呈典型的上升规律,并且采深越大,上升幅度越高。采深达 750 m 时,蠕变量在瞬态应变量中的占比最大可达 22.99%,表明在达到深部开采时,同种岩性的硐室围岩,其流变变形特性将不可忽视。

　　由表 10-8 可见,在即定埋深下的试验应力水平的改变,对应改变了岩石的流变特性。表现应力水平—弹性 E_2、应力水平—黏滞性 η_1 和应力水平—蠕变量在瞬态应变量中的占比三种关系,分别如图 10-45 ~ 图 10-47 所示。

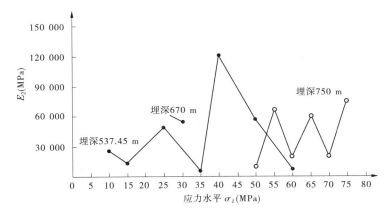

图 10-45　中(细)砂岩的应力水平与弹性的关系

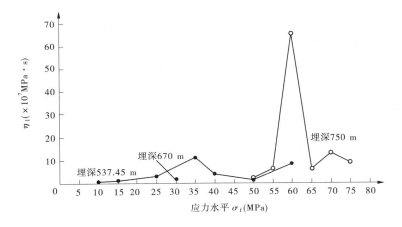

图 10-46　中(细)砂岩的应力水平与黏滞性的关系

　　随着应力水平的提高,中(细)砂岩的弹性性质趋强,且同埋深的增加之间具有较好的连续性;随着应力水平的提高,中(细)砂岩的黏滞性总体趋强,同埋深增加之间的关系吻合程度较高、连续性强。

　　同一种岩性在同样的赋存深度下,蠕变量在瞬态应变量中的占比随应力水平的提高而下降,且赋存深度越深,其下降速率越高。同埋深增加之间无明确关系,具有较强的独立性。

10.5.2　围压与岩石流变特性的关系

　　围压体现了岩石的自稳能力及硐室支护体对其稳定性的贡献,同种岩性在不同围压条件下的流变特性试验研究,对现场支护方案设计及硐室围岩稳定性评价,具有指导

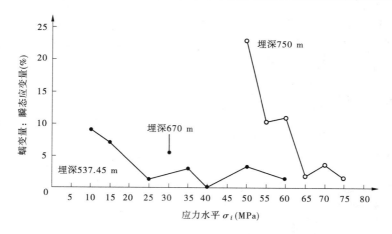

图 10-47   应力水平与蠕变量在瞬态应变量中的占比的关系

意义。

统计岩石在围压变化时的流变特性指标,见表 10-9。其中⑦中砂岩和⑧中砂岩的平均埋藏深度分别为 589.75 m(584.6~594.9 m)和 537.45 m(537.2~537.7 m),性质相近,视为同种岩性进行围压与其流变特性的关系研究。

表 10-9   围压变化时的岩石流变特性指标

试样		σ_3 (MPa)	σ_i (MPa)	黏滞性($\times 10^7$ MPa·s)		位移量分配(%)	
				η_1	平均	蠕变量:瞬态应变量	平均
②中砂岩	ZSY－2	0	30	1.55	1.55	5.50	5.50
	Tri－ZSYCR－1	10	30	5.86	5.86	6.28	6.28
	Tri－ZSYCR－2	20	30	3.67	4.49	16.92	9.98
			40	5.30		3.04	
中砂岩	⑧ZSY－Creep－2	0	10	0.71	4.22	9.18	3.61
			15	0.90		7.06	
			25	2.81		1.25	
			35	11.10		3.01	
			40	3.83		0.02	
			50	1.66		3.32	
			60	8.55		1.40	
	⑦Tri－ZSYCR	15	70	4.30	4.41	19.05	13.40
			90	4.52		7.75	

续表 10-9

试样		σ_3 (MPa)	σ_i (MPa)	黏滞性($\times 10^7$ MPa·s)		位移量分配(%)	
				η_1	平均	蠕变量:瞬态应变量	平均
⑨煤	CoalCreep – 2	0	6	0.67	2.59	31.41	7.64
			8	0.75		4.16	
			10	2.46		1.38	
			15	3.93		0.47	
			18	5.26		3.35	
			21	3.89		2.38	
			24	1.14		10.33	
	Tri – CoalCR – 1	10	25	0.42	0.72	18.84	16.65
			30	1.01		14.45	

可见随着围压的增加,中砂岩的黏滞性有所提高,但并不明显,而煤的黏滞性明显降低。表明围压对中硬度岩性的黏滞性影响轻微,而对软岩的流动性会有大幅度的提高,是硐室支护实践中需要重点考虑的。

从位移量分配比例的变化规律可见,围压的增加均普遍导致了蠕变量在瞬态应变量中的占比显著增加。表明较高强度的支护作用在有效延长了硐室服务年限的同时,所积累的流变变形量大幅度提高,越软弱的岩性该特征越明显。

无论岩性的软硬程度,围压的提高均明显提高了致使岩石流变破坏的最后一级加载应力水平,即有效增强了岩石稳定能力,有利于深井硐室围岩整体稳定性控制。

10.5.3 不同岩性的流变特性

以近似采深为基本条件,探讨不同岩性的流变特性。统计单轴试验流变特性指标,见表 10-10。因为进行蠕变试验的煤分别处于不同采深处,所以区分出⑨煤 1 和⑨煤 2。

研究深井硐室围岩变形的时间效应时,长时强度 σ_∞ 是评价岩石稳定性程度的主要标准,可以据此进行岩性划分。由表 10-10 可见,③细砂岩、⑨煤 2、⑨煤 1、⑤灰岩、②中砂岩、④砂泥岩、⑥中砂岩、⑧中砂岩和①中细砂岩的长时强度 σ_∞ 分别为 8 MPa、14 MPa、24 MPa、25 MPa、30 MPa、35 MPa、40 MPa、60 MPa 和 75 MPa,岩性由弱到强。

在每一近似采深情况下,不同岩性的弹性性质规律性差、离散性高;随着岩性由弱到强,其黏滞性总体呈现趋强态势,但是⑥中砂岩的黏滞性特征为特例;近似同一采深情况下,蠕变量在瞬态应变量中的占比随岩性由弱到强而呈典型的普遍下降规律。绘制蠕变量在瞬态应变量中的占比与岩性变化之间的关系曲线,如图 10-48 所示。

表 10-10　不同岩性的单轴试验流变特性指标

采深 (m)	试样	σ_i (MPa)	弹性（MPa）		黏滞性（$\times 10^7$ MPa·s）		位移量分配（%）	
			E_2	平均	η_1	平均	蠕变量:瞬态应变量	平均
大约 600	③细砂岩 XSY－1	5	44 525	28 835	0.15	0.37	50.57	30.43
		8	13 145		0.59		10.28	
	⑨煤 1CoalCreep－2	6	1 582	21 904	0.67	2.59	31.41	7.64
		8	66 154		0.75		4.16	
		10	2 042		2.46		1.38	
		15	50 598		3.93		0.47	
		18	7 373		5.26		3.35	
		21	23 652		3.89		2.38	
		24	1 924		1.14		10.33	
	②中砂岩 ZSY－2	30	54 613	54 613	1.55	1.55	5.50	5.50
	④砂泥岩 Snycr－04	30	12 606	7 272	1.65	9.42	7.29	8.25
		35	1 937		17.18		9.21	
	⑧中砂岩 ZSY－Creep－2	10	26 097	39 682	0.71	4.22	9.18	3.61
		15	13 609		0.90		7.06	
		25	48 364		2.81		1.25	
		35	5 042		11.10		3.01	
		40	120 696		3.83		0.02	
		50	56 707		1.66		3.32	
		60	7 262		8.55		1.40	
700～800	⑨煤 2 CoalCreep－1	14	1 096	1 096	0.034	0.034	35.42	35.42
	①中细 砂岩 ZXSY－1	50	9 116	41 776	2.00	16.98	22.99	8.53
		55	66 315		6.46		10.36	
		60	19 239		65.65		10.99	
		65	60 440		5.97		1.80	
		70	19 541		13.08		3.62	
		75	76 007		8.73		1.44	
＞800	⑤灰岩 hycr	25	1 623	1 623	1.14	1.14	7.70	7.70
	⑥中砂岩 ZSY－Creep	40	106	106	0.000 97	0.000 97	2.41	2.41

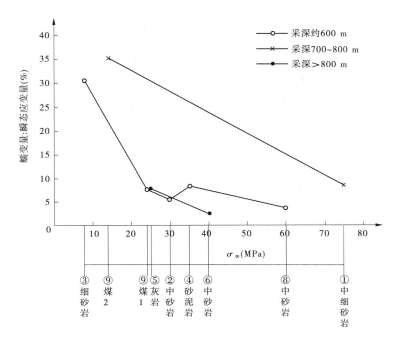

图 10-48 蠕变量在瞬态应变量中占比与岩性变化间的关系曲线

蠕变量在瞬态应变量中的占比随长时强度 σ_∞ 增加的平均降幅达下降速率为 0.44/100 MPa,表明工程性质优良的岩性,其流变变形特性较轻微,岩石性质在其流变特性中起决定作用,从流变控制角度可应用于指导深井硐室掘进层位的选择。即在采深约 600 m 时,尽可能将硐室掘进层位选择在②中砂岩或⑧中砂岩中;在采深位于 700 ~ 800 m 时,①中细砂岩是硐室掘进层位的首选岩层;而当采深大于 800 m 时,⑥中砂岩是决定深井硐室整体稳定性的主导岩性。

本章小结

本章介绍了岩石流变的概念及特征,阐述了岩石流变的力学模型,主要包括马克斯韦尔模型、开尔文模型、柏格斯模型等,详细介绍了各个模型的本构方程及计算原理;介绍了岩石流变试验装置的结构组成及功能,对深井硐室围岩进行了流变力学试验,分析了深井硐室围岩的流变力学特征,在此基础上探讨了应力水平、围压及岩性与岩石流变特性的关系。

思考题

1. 什么叫蠕变、松弛、弹性后效和流变?
2. 蠕变一般包括几个阶段? 每个阶段的特点是什么?
3. 试阐述不同受力条件下岩石的流变有哪些特性?

4. 描述岩石流变性质的流变方程主要有哪几种?

5. 流变模型的基本元件有哪几种?

6. 叙述岩石力学中常见的几个流变模型的特点。

7. 何谓岩石的长期强度? 它与瞬时强度有什么区别与联系?

8. 不同岩性、岩样蠕变破坏形态有何区别及联系?

9. 应力水平、围压及岩性等对岩石流变特性各有何影响?

第 11 章　非线性科学与岩石非线性动力学

11.1　岩土力学与工程系统

11.1.1　概述

系统是由若干相互联系、相互依赖、相互作用的要素所组成的具有一定结构形式和功能作用的有机整体。岩土力学系统是指岩土结构体在外力等作用下与围岩、支护及其工程地质、自然环境共同组成的力学系统。岩土力学系统往往由若干个要素组成,该要素可能是系统变量,也可能是反馈环或子系统(分系统)。通常,岩土力学系统是一个闭环系统。系统的响应(输出)一般对系统的激扰(输入)有影响,即反馈系统。该力学系统的激扰(输入)与响应(输出)并不是一个简单的正比例关系,而是一个非常复杂的非线性力学关系。岩土力学系统的非稳定破坏现象是大量存在的,如火山爆发、地震、雪崩、岩爆、矿震、库区地震、瞬时滑坡、采矿中顶板突然来压、突水、煤(岩)瓦斯突出等都是常见的岩体失稳现象,故岩土力学系统稳定性的研究无论是在理论上还是实践上都是非常重要的,也一直是岩土力学研究中一个最活跃的热点。

岩土力学系统主要分为岩土变形力学系统、岩土刚体运动力学系统、复杂岩土力学系统。如果从岩土力学系统所处的状态来分析,岩土力学系统又可分为平衡系统和运动系统。岩土力学系统一般从不同尺度的宏观角度来分析其结构形式和功能。从系统结构与系统环境相互作用的角度来分析,岩土力学系统是一个巨系统,可从不同的角度来对岩土力学系统分类。例如,从赋存方式来划分,可分为天然岩土力学子系统和人工岩土力学子系统。为了有利于建立数学模型,便于力学分析,可将岩土力学系统分为固体子系统、流体子系统、环境子系统等;同时将岩土力学系统运动稳定性分类,即岩土力学系统运动稳定性可分为岩土力学系统稳定问题、岩土力学系统渐进稳定问题、岩土力学系统非稳定问题。

11.1.2　岩土力学系统的基本问题

11.1.2.1　岩土力学系统的边界和环境

岩土力学系统的边界是指在一定的范围研究岩土力学系统的力学行为时,包含足够的研究信息所需要的最小界域。岩土力学系统边界以外的与系统有关联的包括各种形式的物质、能量或信息等部分,称为岩土力学系统的环境。岩土力学系统对岩土力学系统的环境有相对的独立性,所以岩土力学系统演化过程的研究中,如果选取系统的边界太大,则造成浪费,同时难以保证研究精度;如果系统的边界选取太小,则损失了必要的研究信息,使模型不足以反映原型,造成研究领域失真,其结论可信度就值得怀疑。岩土力学系统中应包括反映系统本质特性的实质变量。如果要研究系统的失稳特性,边界内应包含主导结构,即可能发生失稳的子系统,同时要包括与该失稳子系统有关的系统。岩土力学系统是一个开放的系统,系统的边界确定后,系统的内部结构与系统外部的环境通过系统的边界有物质、能量和信息的传递和交换,这样就存在着开放大小和开放程度的问题,即开放度。开放度是研究岩土力学系统演化过程一个必要的物理量。

11.1.2.2　岩土力学系统的结构

岩土力学系统结构是岩土力学系统的构成要素在时间、空间上连续的排列、组合及相互作用的方式,是系统构成要素组织形式的内在联系和秩序的规定性。结构是系统诸要素有序化的直接形式。不同的系统结构反映岩土力学系统本质规律性不同,系统有质的区别。

岩土力学系统中,结构的组成部分、时空秩序和联系规则称为岩土力学系统结构的三要素。有几个最简单的子系统,不同的几何排列、组合就可以有很多种组成方案。如果考虑子系统间不同强度的连接方式和子系统间参数高低的不同组合,可组成无数种方案,这说明由于岩土力学系统结构构成的复杂性,导致其表现的功能特性亦非常复杂。它所揭示的规律在自然界是普遍存在的,最典型的就是化学理论中揭示的同分异构现象。

岩土力学系统的性质主要取决于岩土力学系统的内部微观结构,也就是系统内部反馈结构与反馈机制。岩土力学系统的内部微观结构的内涵包括两个方面,一方面是指岩土力学系统组成的基本结构部分的性质及其相互关系与性质,即岩土力学系统的演化过程主要根植于系统内部基本结构;另一方面是指岩土力学系统的内部微观结构与宏观行为的关系问题。大量的理论分析与实际测试都证实,岩土力学系统的宏观行为取决于系统的微观结构。

11.1.2.3　岩土力学系统的参数

从本质上讲,岩土力学系统的参数是岩土力学系统结构中的一部分,其原因是,岩土力学系统中没有参数的结构形式是不存在的;反过来说,岩土力学系统结构中,必然存在不同类型的结构参数。岩土力学系统的参数包括几何特性参数、物理特性参数、力学特性参数及演化特性参数等,这些参数适当组合,就可以形成岩土力学系统结构的变量。

岩土力学系统的演化进程中,在系统达到临界平衡前,系统的微小参数变化一般不会引起系统的状态变化,即此时岩土力学系统的结构形式起主导作用,稳定的系统对参数不敏感;只有在系统达到临界状态时,系统的主导结构的参数变化才可能改变系统的状态变化,即系统的结构形式不起主导作用,此时参数变得非常敏感,参数的微小变化可能改变系统的功能特性。

11.1.2.4　岩土力学系统的反馈

岩土力学系统是一个反馈系统。研究岩土力学系统演化过程中的稳定性问题,必须首先研究岩土力学系统中各个子系统的反馈特性,这是研究岩土力学总系统反馈和稳定特性的基础。研究岩土力学系统及其子系统的反馈特性应包括以下几个主要问题:一是特征子系统的负反馈和正反馈特性;二是子系统的反馈特性与总系统反馈特性之间的关系;三是如何确定系统反馈的主导结构和主反馈环,采用人为方式调整系统的结构形式、参数范围或环境,促使系统主结构的子系统仅发生负反馈(稳定)或正反馈(非稳定)。

　　岩土力学系统的另一反馈特性是系统反馈的强弱问题。总系统中的众多子系统,如果某一个或几个子系统的正反馈特性比较弱,不能克服系统的总体负反馈能力,则总系统特性就为负反馈特性;或者,子系统具有克服系统的总体负反馈的能力,但强度较弱,则总系统特性就为弱正反馈特性;如果某一个或几个子系统的反馈特性比较强,足以克服系统的总体负反馈能力,且强度较大,则总系统特性就为较强的正反馈特性。

　　稳定的岩土力学系统的结构变化比参数变化更为敏感,不同的结构往往产生不同的行为模式。一般而言,岩土力学系统的正反馈环结构要比负反馈环结构变化更为敏感。加上或去掉一个正反馈环对模型结论可能会有本质的影响,而对一个稳定的岩土力学系统加上一个负反馈环却很少有影响,除非两个作用的负反馈环的结构变化可能引起系统的振荡。从一个稳定的系统中去掉一个负反馈环,可能使系统失稳,只要该负反馈环在结构中是最活跃的,与参数变化的条件相类似,结构变化的影响程度取决于它与模型结构主导部分的联系。非主导结构的变化其影响甚微,参数变化与结构变化的界限很难划清。

11.1.3　岩土力学系统演化过程

11.1.3.1　岩土变形力学系统演化过程及其控制变量

　　岩土变形力学系统是指在外力作用下,岩土工程仍然保持连续变形的结构系统,岩体结构的失稳破坏,本质上是一个动力失稳过程。在动力失稳发生前,岩体在外力的作用下,随时间变化处在一个缓慢的不断的应变能积累过程中,失稳发生的瞬间与发生后显然是一个动力过程。在数学上描述与处理动力问题非常困难,故常假设失稳发生前的应变能积累过程为准静态,利用最小势能原理与狄里希锐(Dirichlet)原理来判别系统的平衡状态的稳定性,即

$$\delta \Pi = 0 \tag{11-1}$$

$$\delta^2 \Pi \leqslant 0 \tag{11-2}$$

为系统结构失稳的必要条件,式中 Π 为变形系统的总势能。由推导的结果可知,只有在介质中出现应变软化区,系统才有可能出现失稳。

　　式(11-1)和式(11-2)是用能量方法建立的适用于整个岩体变形力学系统分析的一个普遍原理,而刚度条件仅为岩样在单轴应力条件下判别是否失稳的特例。事实上,刚度矩阵的特征值法、奇异刚度矩阵法、海森矩阵法等都是式(11-2)的一个推论,其本质都是岩土结构在准静态条件下,刚度系数矩阵(包括材料的物理力学参数和几何参数)的元素随变形过程表现为非线性性质,刚度系数矩阵处于非正定的一种表现形式。

　　利用稳定性的基本定义,即根据施加的荷载 P 与系统的响应 R 的对应关系来建立岩体失稳理论。当系统处于稳定状态时,荷载增量 ΔP 与其相应的响应增量 ΔR 的比值 $\Delta R / \Delta P$ 是常数或接近常数;如果外载 P 不断增加至临界状态 P_{cr},系统趋向不稳定,这时其比值 $\Delta R / \Delta P$ 将随着荷载的不断增加而增大。当系统失稳时,得

$$\lim_{\Delta P \to 0} \frac{\Delta R}{\Delta P} \to \infty \tag{11-3}$$

　　近年来,以所谓的"新三论"(耗散结构理论、协同学和突变理论)为代表的,包括突变、损伤、分岔、分形、混沌、神经网络等非线性系统科学得到了很大发展,并且在各方面得

到应用,取得了许多新的成果。

11.1.3.2　岩土力学系统动力演化过程及其控制变量

从动力学系统稳定性的观点提出滑坡灾害发生的一种新机制,它认为滑体滑动的稳定与否与滑动的阻尼性质密切相关,稳定的滑动是由于系统存在正阻尼,非稳定的滑动是系统出现负阻尼所致,同时提出判别边坡滑动系统稳定性的准则。通过对边坡基底岩石振动因素的分析,建立了单一滑面滑体受基底岩石强迫振动的模型,采用非线性动力学方程描述滑体的变形规律,分析基底岩石振动过程中导致滑体移动的原因。它指出在一个频带范围、振幅范围内,基底的振动会引起潜在滑体位移突跳,在滑面的法向方向上张开,且向上错动而诱发滑坡。在分析断层等不连续面冲击地压现象的基础上,用岩体的振动与断层间的刚体错动的叠加来描述不连续面冲击地压发生过程。它提出了断层上下两盘刚体滑动的稳定与非稳定的形式;分析了振幅越来越大的不稳定振动。断层冲击地压发生时,岩体位移是岩体的振动与断层间的刚体错动的叠加,指出了发生断层冲击地压的影响因素及原因。

11.1.3.3　岩土力学系统演化过程和演化规律研究的发展趋势

岩土工程组成的力学系统是一个复杂的巨系统,岩土力学系统演化过程和演化规律的研究影响因素多、求解难度大、复杂程度高,就目前的研究现状与客观条件,今后重点突出以下主要研究内容:

(1)岩土力学系统结构形式对岩土力学系统演化过程和演化规律的影响,包括不同的几何因素组成的结构形式、子系统间的连接方式、非线性边界、非线性约束等的研究。当然,在治理岩土力学系统失稳时,首先考虑岩土力学系统中同等条件下的几何结构形式的调整、控制和优化。

(2)受结构组成复杂性的影响,岩土力学系统中,子系统和总系统的激扰和响应之间为非线性关系,探求该非线性关系是岩土力学研究中的一个基本任务。

(3)寻求复杂(多种作用、多相作用问题)岩土力学系统演化过程和演化规律的描述、建模;确定系统演化过程中的控制变量及其支配作用;确定系统演化过程中的主导结构和主反馈环;建立子系统与总系统稳定性之间的关系;研究确定、不确定模型的求解方法,主要采用数值解法求解。

(4)系统中参数性质对岩土力学系统演化过程和演化规律的影响,主要包括系统参数在岩土力学系统中所起的作用,在治理岩土力学系统失稳时,能否通过调整系统中所有或部分子系统的参数来调整系统的状态和稳定性。

(5)岩土力学系统结构的受力状态对系统演化过程和演化规律研究的影响,主要包括系统结构和系统参数一定的条件下,系统受力的临界荷载等。

11.2　岩石(体)力学行为的非线性本质特征

11.2.1　非线性动态演化特征是岩石(体)力学行为的本质特征

非线性科学的发展经历了四个阶段:20世纪40年代的组织理论,包括控制论、信息论和一般系统论;20 世纪 60 年代的自组织理论,探究系统如何从无序演化至有序状态,包括 Thom 和 Arnold 的 Catastrophic Theory、Eigen 的超循环论、Prigogine 的 Dissipative Structure、Haken 的 Synergetics;20 世纪 70 年代的非线性科学,探究系统如何从有序演化至混沌和无序状态,乃至更高层次的有序系统,包括 Feigenbaum、Ford 和 Kadanoff 的 Chaotic Dynamics,Scott 和扎哈罗夫的 Integrable System – Soliton Theory,Mandelbrot 的 Fractals;20 世纪 90 年代的复杂性科学,探究复杂性的定义及量度、复杂系统的行为及模型,包括 Hoppfield 的 Neural Network、Wolfram 的 Cellular Automaton 和人工生命等。系统复杂性与其各部分之间的非线性相互作用密切相关,输出与输入不成正比的系统为非线性系统,由非线性而导致的系统不稳定性和对初始条件的极度敏感依赖性是形成复杂性的根源之一。

　　岩石内部含有大量不同阶次、形状极不规则的微孔隙、微裂纹等缺陷,是造成岩石宏观非弹性变形和各向异性的根本原因。岩石力学与工程系统复杂,原始条件和环境信息不确定,岩体的变形、损伤、破坏和演化包含着相互耦合的多种非线性过程,致使决定论的和平衡态的传统力学方法难以描述系统的力学行为;岩石材料的高度无序分布,岩体内地应力随时空而变,岩石的成分与构造的复杂性、多相性、岩体工程开挖和施工工艺的影响等,构成了岩石力学具有高度的非线性;岩体的变形、损伤、破坏过程是一个动态的非线性不可逆演化过程,各种参数处于变化之中。可见,岩石(体)力学行为的非线性和动态演化的特征是比较显著和强烈的,非线性是岩石(体)力学行为的本质特征,建立岩石非线性静力和动力系统理论,必须借助于现代非线性科学。基于岩石(体)力学行为的非线性动态本质特征,可将岩石(体)系统视为一非线性动力系统,系统的宏观稳定与不稳定行为即其平稳解的稳定性问题。

11.2.2　非线性动力学理论是研究复杂系统问题的基础

　　非线性科学理论是研究岩石等非线性复杂大系统问题的数理基础,总体研究思路是:以现代非线性科学为基础,结合岩体自身特点和工程特点,建立相应的非线性力学分析和数值模型,达到定性与定量相结合的目标。动力学理论以研究动力系统的演化行为为主要任务,源于 19 世纪末 Poincare 的工作,动力系统可视为微分方程,即常微分方程及其差分方程可看作有限维连续和离散的动力系统,偏微分方程及其差分方程可看作无穷维连续和离散的动力系统,拓扑和几何中微分流形上的方程可看作微分流形上的动力系统。本书所重点研究的是 n 维欧氏空间上的 n 维动力系统,动力学系统按照对初始条件是否敏感分为两类:对初始条件不敏感的系统,其初始条件的微量变化只导致相应轨道的微量变化,不改变系统的主要特征;对初始条件极其敏感的系统,其初始条件的微量变化将导致相应轨道的截然不同。以是否可积为标准,动力学系统分为可积、不可积和弱不可积三类,其中后两类尤其是不可积动力学系统,其运动轨道对初始条件十分敏感。混沌、分形、模式形成、孤立子、元胞自动机和复杂系统等是非线性科学的六个主要研究领域,非线性科学可能使现实世界中那些杂乱无章的空间形态和似乎毫无规律的时间序列成为研究的对象,并从中发现它们的"复杂"规律性。①分形几何理论用分形维数定量刻画复杂系统的复杂程度。分形与岩石力学相结合,将可以在微、细、宏观不同层次上揭示岩石(体)的力学机理、行为和演化过程,在理论上将岩石微、细、宏观理论研究统一在新体系中。目前,分形在岩石力学方面的研究已上升到岩石分形的物理机制和演化规律的研究,在分形空间中有关力学量的定义和力学定律的普适性问题仍处于探讨之中,需要研究岩石(体)破坏机理的无标度区及无标度区内破坏机制的普适性问题。②在岩土工程失稳的研究中,尚存在一些从理论到实践均未彻底解决的问题,如失稳与破坏的多样性及非唯一性问题等。本质上,岩土工程失稳是一复杂过程,属非线性科学问题,需要引入适用的非线性科学研究的原理与方法。混沌理论为岩土工程失稳分析提供了全新的理论与方法,不仅能正确解释岩土工程失稳与破坏形式的多样性与非唯一性,还可以解释对初始条件极其敏感的混沌现象,为岩土工程稳定性状态评价提供科学依据。岩体破坏失稳是一个过程,系统由稳定到非稳定状态的转变具有前兆信息,深入研究系统状态转变的前兆信息并建立判断岩体失稳的力学准则,有赖于信息论、控制论、内蕴时理论、灰色系统理论、专家系统、分形、混沌、分岔、突变理论等现代数学的发展、运用和不断完善。研究涉及大坝地基、岩土高边坡、交通隧道与地下硐室、采空区地表及坚硬顶板冲击型运动等工程领域。其中,滑坡是一种典型的岩石环境工程,其非线性动力学演化机制的混沌研究,将为防灾减灾提供重要的理论支持。坚硬顶板的冲击型运动常常形成或诱发冲击地压,其力学模型的建立与非线性动力学行为的混沌分析,对矿山灾害的预测与防治同样具有重要意义。

11.2.3　岩石工程特性尺度效应的研究现状

固体材料在破坏行为中呈现的尺度效应是固体破坏理论中的一个疑难问题。依据考虑尺度效应的唯象学理论——塑性应变梯度理论,可直接对固体由宏观到细观的行为进行描述。建立细观的关联理论,以实现与微观理论和与考虑尺度效应的宏观唯象学理论之间的尺度关联,最终实现从微观、细观到宏观各层次间较完整的、系统的尺度关联。魏悦广等基于 Fleck 和 Hutchinson 的应变梯度理论,分析裂纹的定常扩展得到了微观理论结果与宏观唯象学理论结果之间的尺度关联。多年以来,岩石力学等领域的众多学者对岩石材料中各种裂隙分布进行了大量卓有成效的研究,有的侧重于单一结构面的几何特征及力学特性研究,有的侧重于裂隙网格的分布形式,有的侧重于裂隙分布的密度研究等。但多数抽样统计和试验分析均是在特定尺度下进行的,研究结论无法向更大或更小的尺度推广,不能解决岩石类材料工程特性的尺度效应问题,裂隙的线密度、面密度和体密度等定量评价指标均存在类似弊病。例如,结构面裂隙宽度的实测统计具有明显的比例尺效应,分组步长为 1 mm 时其分布形态可能呈负指数分布,步长为 0.1 mm 时又可能呈对数正态分布。结构面几何参数随尺度而变化的规律对微观、细观和宏观岩体力学问题研究具有重要的理论价值和实际意义。研究资料表明,岩体中的裂隙是一种断裂,在形成和扩展过程中服从岩体材料破裂理论,受地质构造运动历史、风化冲蚀条件、温度、应力变化特征、地下水及岩石力学性能等控制,其长度和条数变化具有一定的分形特征。从分形几何学角度描述岩体结构面几何参数随尺度而变化的规律,是一条值得尝试的新途径。

11.3　分形几何学与岩石力学

11.3.1　分形几何学

11.3.1.1　分形的概念

分形（Fractal）一词最先由法国数学家 Mandelbrot 引入，其源于拉丁语的形容词 Fractal（破碎），Mandelbrot 将其解释为不规则（Irregular）或破碎的意思。目前，关于分形有如下几个定义：

（1）Mandelbrot 定义：设集合 FR_n 的 Hausdorff 维数是 D。如果 F 的 Hausdorff 维数 D 严格大于它的拓扑维数 $Dr = n$，即 $D > Dr$，称集合 F 为分形集，简称为分形。

这个定义要求判断集合是不是分形，只要去计算集合的 Hausdorff 维数和拓扑维数，然后做出判定即可，不需要任何别的条件。而在实际应用中，一个集合的 Hausdorff 测度和 Hausdorff 维数的计算是比较复杂和困难的，这给该定义的广泛使用带来很大影响。

（2）Hausdorff 的自相似分形定义：局部与整体以某种方式相似的形称为分形。这一定义体现了大多数奇异集合的特征，尤其反映了自然界中很广泛一类物质的基本属性：局部与局部以及局部与整体在形态、功能、信息、时间与空间等方面具有统计意义上的自相似性。这个定义只强调了自相似性特征，内涵较小。

（3）Falconer 的定义：如果 F 是分形，则它具有如下典型性质：①F 具有精细结构，即任意小比例的细节；②F 是如此的不规则，以至于它的局部和整体都不能用传统的几何语言来描述；③F 通常有某种自相似的形式，可能是近似的或是统计的；④一般 F 的分形维数大于它的拓扑维数；⑤在大多数情况下，F 可以用非常简单的方法定义，可以由迭代产生。

（4）Edgar 的定义：分形集就是比在经典几何考虑下的集合更不规则的集合，这个集合无论被放大多少倍，越来越小的细节也能看到。

分形几何中最主要的概念是分数维数（Fractal Dimension）。早在 1919 年，Hausdorff 就提出分数维数的概念，Mandelbrot 将分数维数推广应用到分形几何中，分数维数可以是分数，也可以是整数。确定分数维数比较实用的方法有 5 种：①改变尺寸求分数维数；②根据测度关系求分数维数；③根据相关函数求分数维数；④根据分布函数求分数维数；⑤根据光谱求分数维数。

分形几何主要研究一些具有自相似性（Self-similar）的不规则曲线，具有自演化（self-inverse）的不规则曲线，具有自平方性（Self-squaring）的分形变换和具有自仿射（Self-affine）分形集。而所谓的线性分形，即具有自相似性的分形是分形几何的主要内容。简单地说，自相似就是局部是整体按比例缩小的性质，也称为尺规不变性或尺度无关性，即在不同放大倍数的放大镜下观察对象，其"影像"都是一样的，与放大倍数无关。例如，弯弯曲曲的海岸线在统计意义上是自相似的；再如，自由粒子无规则运动的布朗曲线，在统计意义上也是自相似的。在数学上，有许多著名的奇异图形都是分形，如 Cantor 曲线、Koch 曲线、Sierpinski 地毯和 Menger 海绵（见图 11-1）等。

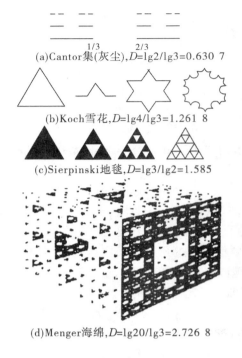

(a)Cantor集(灰尘)，$D=\lg2/\lg3=0.630\ 7$

(b)Koch雪花，$D=\lg4/\lg3=1.261\ 8$

(c)Sierpinski地毯，$D=\lg3/\lg2=1.585$

(d)Menger海绵，$D=\lg20/\lg3=2.726\ 8$

图 11-1　常见的几种自相似性模型

11.3.1.2　分形的研究方法

1. 分形的试验测定

对于一些结构或是试验结果所表现出来的非规则性和粗糙性，人们直观地认为它们具有统计自相似性，进而由覆盖法或由图像处理和计算机模拟等技术测定出结构的分数维，再寻找分数维与物理本征量之间的关系，以揭示出某些新的规律。分形的特点是由分数维来描述的，从不同的观点可以给出分形集合不同的维数。分数维的测定有相似维数 D_s、Hausdroff 维数 D_H、信息维数 D_i、关联维数 D_g 和盒维数 D_B 等，此外还有容量维数、谱维数、填充维数以及重正化群法、稳定分布法、因次解析法等维数的测定方法。

2. 分形模型法

任何结构的不规则复杂现象的产生是由它所处的物理、力学等环境条件及其微结构等因素导致的，而从数学上考察，这仅仅是一种几何现象。基于这种思想，从试验观察和实际问题出发，根据其分形的特点，简化抽象为某一类数学分形模型，从其数学结构上计算出分形维数，由此探寻分形维数与物理本征量的关联，以揭示和预测结构的本征特性，或以此寻求解决问题的新途径。

3. 唯象

对于所研究的复杂结构，总结或测定出分形的幂律关系，检验它是不是分形，如果是分形，由分形幂律关系得到其分形维，然后去寻找分数维与物理本征量之间的相关联系。

4. 分形结构模拟

据物体和结构的自然特性，人为地制造分形边界和分形结构，进行计算机模拟和试验观察,这样可直接了解到具有分形边界和分形结构的物体所表征的物理力学特性,进而探讨事物发展的分形机理。获取分数维值的一般步骤为:首先拍摄结构表面,以二维图像方式获取原始信息;接着"抽样"选取一定面积的图像,作为分析的对象,对"抽样图像"进行处理,得到结构的特征量具体分布图像;然后采用不同的测量单元尺寸 ε 对分布图像进行盒计数法计算,得到一系列规则图形的测量单元数 $N(\varepsilon)$;最后作 $\ln N(\varepsilon)$—$\ln(\varepsilon)$ 图,采用最小二乘法对图上 $N(\varepsilon)$ 和 ε 对应的点进行拟合,得到斜率的负值 D,即分数维值。

11.3.2　分形几何学在岩石力学领域的研究现状

B. B. Mandelbrot 于 1977 年提出应用圆覆盖法研究断裂带的分形特征。谢和平根据断口分析资料,应用分形理论描述了岩石断口的不规则性,建立了穿晶、沿晶界和二者相耦合的微观断裂分形模型,建立了分维与岩石宏观力学量之间的初步对应关系,但是对分维的提取是基于对岩石断口岩石岛面积和周长的统计资料的分析。岩石破裂断口轮廓在一定尺度范围内具有自相似性,其断口形貌分维的测定方法主要有切岛法、修正的切岛法、尺度法、修正的尺度法及标准偏差法。切岛法将岩石破裂断口喷金后抛光磨平,以得到这些小岛的周长和面积,即考察一个切岛的分维,实际上是断口轮廓形态等高线的分维,故不能说明研磨厚度的变化特征;改进的切岛法考察 n 个切岛的分维平均;尺度法以岩石破裂断口上任一剖面线形态的分维数越大则剖面线形态越复杂为原则;修正的尺度法是在曲线的水平方向上用码尺测量,而不是用码尺沿剖面轨迹去度量;标准偏差法用于计算岩石断口表面剖面线自仿射分形的分维值,认为断口形态是自仿射分形结构。

分形是相对于整形而言的,自然界中普遍存在的几何对象绝大多数属分形,整形是例外,是理想状态下存在的。物理分形的自相似性是近似的或统计意义上的,亦称无规分形;而按严格数学规则生成的分形为数学分形,是思维的抽象,是客观世界自组织过程形成的物理分形的数学模型,其内部具有精细结构,又称有规分形。根据数学性质划分,分形可分为线性与非线性分形,线性分形包括严格线性、统计线性和随机线性分形,非线性分形包括自反演、自仿射和自平方分形。严格线性分形的不同层次间具有严格的自相似性,且为无限层次的嵌套结构,统计分形只有统计意义上的自相似性。

系统的非线性特征信息蕴涵在实际的时间序列中,Packara 于 1980 年提出重构相空间可以再现系统的原始信息。对动力系统

$$\frac{\mathrm{d}x_i}{\mathrm{d}t} = f_i(x_1, \cdots, x_n) \tag{11-4}$$

可变换为 n 阶非线性微分方程

$$x^{(n)} = f(x, x', x'', \cdots, x^{(n-1)'}) \tag{11-5}$$

则系统的新轨迹为

$$\vec{x} = f(x(t), x'(t), x''(t), \cdots, x^{(n-1)'}(t)) \tag{11-6}$$

上式描述了同样的动力学行为,系统在由坐标 $x(t)$ 及其 $(n-1)$ 阶导数所张成的相空间中演变。实际面对的多数为离散时间序列,考虑 $(n-1)$ 时滞位移,则

$$\vec{x} = \{x(t), x(t+\tau), x(t+2\tau), \cdots, x[t+(n-1)\tau]\} \tag{11-7}$$

式(11-7)表明,动力系统的原始演化信息可以被重现于具有滞后坐标的新的相空间

中,因此可将单变量时间序列($\{x_i\}$, $i = 1, 2, \cdots, n$)延拓成相空间中一个包含$[n - (m - 1)]$个相点的相型分布

第 1 维:$x(t_1)$, $\qquad$ $x(t_2)$, $\qquad$ $\cdots$, $\qquad$ $x(t_i)$, $\qquad$ $\cdots$, $\qquad$ $x[t_n - (m-1)\tau]$

第 2 维:$x(t_1 + \tau)$, $\qquad$ $x(t_2 + \tau)$, $\qquad$ $\cdots$, $\qquad$ $x(t_i + \tau)$, $\qquad$ $\cdots$, $\qquad$ $x[t_n - (m-2)\tau]$

第 3 维:$x(t_1 + 2\tau)$, $\qquad$ $x(t_2 + 2\tau)$, $\qquad$ $\cdots$, $\qquad$ $x(t_i + 2\tau)$, $\qquad$ $\cdots$, $\qquad$ $x[t_n - (m-3)\tau]$

$\qquad\qquad\vdots\qquad\qquad\vdots\qquad\qquad\vdots\qquad\qquad\vdots\qquad\qquad\vdots\qquad\qquad\vdots$

第 m 维:$x[t_1 + (m-1)\tau]$, $x[t_2 + (m-1)\tau]$, $\cdots$, $x[t_i + (m-1)\tau]$, $\cdots$, $\qquad$ $x(t_n)$

相点之间的连线描述了系统在 m 维相空间中的演化轨迹。重构相空间是从单变量时间序列中提取分形维数的理论基础。

定常运动的分维 D 为 0,周期运动的 D 为 1,准周期运动的 D 为 2 或 3,随机运动的 D 为无穷大,混沌运动的 D 为正分数(维数为分数的系统未必是混沌系统)。维数为分数的物理意义在于,可以定量描述动力学系统几何结构和物理空间结构的破碎度,分形维数是定量评价系统复杂程度的重要指标;给出研究动力学系统所需的独立变量的最少数目 $INT(D+1)$,以应用于相空间重构;动力学系统的演化特性可用分形理论研究。分形维数与系统复杂程度间的简单对应关系为,D 越高则系统的复杂程度越高,即几何体的构造越复杂或越支离破碎,则分数维越大。

岩体微观到宏观裂隙的表象相似性,引发了人们对其机理联系进行研究的思路,希望找到普适的规律与评价方法。对岩石裂纹发育与岩体断裂构造发育具有规律一致性的证明仍在继续,需要进一步深入细致的研究工作。岩石裂纹的扫描电镜图片与野外宏观裂隙迹线图片的简单比较,可以得出二者具有相似性的结论,但在理论上缺乏说服力。分形几何是一个工具,其核心思想即尺度不变性,最终目的是揭示岩石力学中的复杂现象,为解决工程问题服务。当前分形几何学在岩石力学领域的研究成果主要有:M. Sakellariou 的岩石表面粗糙度分形特征研究;P. R. LA Pointe 的分维定量表征岩石断裂密度及均匀性方法;以谢和平为代表的分形岩石力学研究成果,包括岩石节理面的分形研究(岩石节理面分形描述、节理面力学行为、节理断层和岩石断口的分形特征)、岩石损伤演化过程的分形研究(裂纹分岔等的分形特征)、岩石(煤)破坏度和破碎程度的分形研究、岩爆的分形研究、岩石渗流过程的分形研究和地震预报过程的分形研究等。这些研究成果虽然已部分直接或间接地应用于岩石工程实践,但由于分形几何的小规则性,岩石力学现有的一些现象和力学概念在分形空间中需要重新建立和认识,研究成果要完整而理想地应用于工程实际还有一个相当长的过程。分形岩石力学的研究应包括三个层次:第一层次是研究分形岩石力学的数学基础,以及重新认识和建立分形空间中的力学量和力学定律;第二层次是广泛、系统地探讨岩石力学中的分形行为和分形结构,揭示岩石力学问题中一些复杂现象的分形机理和形成过程,应用分形定量或定性地解释和描述岩石力学中过去只能近似描述或仍难以描述的现象和问题;第三层次是将分形岩石力学的理论和研究成果应用到工程中,解决生产实际问题,促进工程问题中的定量化、精确化和可预测性。目前的研究现状是,第二层次的研究成为热点所在,并取得了一些阶段性成果。如何将分形的研究成果进一步应用于实际工程是当前国内岩石力学工作者正在努力的方向,即分形理论

在岩体力学中的应用目前仅停留于如此状态:指出研究对象的分形特征,计算其分数维,之后结合对研究对象的实测,分析研究对象的性质及特征。因此,在更深层次上理解分形的本质、用分形理论论证岩体微观到宏观裂隙的表象自相似性具有必要性。

11.3.3　分形几何学应用于岩石力学具体问题

根据以上分形的研究方法,应用分形理论研究岩石介质变形破坏规律是具有深远影响的举措。因此,30 多年来,分形理论已经在岩土力学研究中得到了广泛应用。

11.3.3.1　节理的分数维研究

岩土力学中,节理表面的形貌特征是控制岩土力学性态的重要因素。以前用节理面的平均起伏角和表面粗糙度系数 JRC 来表征。研究表明,节理面是在天然地质过程中形成的,具有随机性,其纵剖轮廓线的高低起伏变化表现为统计自相似性,具有分形特征,因此可以用分数维值来反映节理面的粗糙程度。

通过码尺法等不同方法,很多学者进行了粗糙度系数 JRC 和分数维数的关系研究,其主要结论见表 11-1。

表 11-1　JRC 与分数维数的关系

研究者与年代	回归公式	测量分数维数方法
TurKetal,1987	$JRC = -1\,138.6 + 1\,141.6D$	分割法
Carr Warriner,1989	$JRC = -1\,022.55 + 1\,023.92D$	分割法
Maers and Franklin,1990	$JRC = 1\,870(D-1)$	Mandelbort – Richarddson 覆盖法
Lee et al,1990	$JRC = -0.878 + 37.7844(D-1)/$ $0.015 - 16.930\,4[(D-1)/0.015]^2$	分割法
Xie,1993	$JRC = 85.267\,1(D-1)^{0.567\,9}$	盒子覆盖法
Wakabayashi and Fukushige,1995	$JRC = \sqrt{(D-1)/(4.413 \times 10^{-5})}$	分割法
Lamas,1996	$JRC = 1\,195.38(D-1)$	分割法

由于分数维数能很好地反映节理的粗糙程度,比起 ISRM 轮廓线粗糙度系数 JRC 的肉眼经验判别,分数维数是粗糙程度更客观的定量尺度。

11.3.3.2　岩石损伤的分形研究

类似岩石的脆性材料与结构,在宏观裂纹出现之前,已经产生了微观裂纹或微观空洞,材料与结构中的这些微观缺陷的出现和扩展称为损伤。实践证明,宏观裂纹出现之前,损伤已经影响了材料与结构的强度及寿命。

分形领域的研究表明,材料损伤演化过程是一个分形,分数维数是反映材料损伤程度的某一特征量;不同载荷阶段下,脆性材料的损伤场的分数维数不同。材料的损伤演化表现出统计自相似性特征。在比例加载下,无论什么材料,宏观裂纹顶端的损伤区形状和范围大小随时间是以一个时空函数的相似比变化的,大部分材料的损伤区是以自相似方式演化的。从微裂纹的分布,单一裂纹的扩展到材料损伤的演化规律,处处都可发现分形损伤的特征和行为。

11.3.3.3 岩石断裂的分形研究

断裂表面是材料断裂后留下的关于断裂过程的记录,断口蕴藏着关于断裂机理的信息,通过研究断裂表面可以追溯断裂产生的机理,发现材料的微结构组成和缺陷。近年岩石材料的断口分析已成为材料科学和断裂力学研究中的一个重要方向。随着工程界思想、理论和方法的不断发展,相关岩石材料断裂表面的研究由长期的定性分析日渐进入定量分析,并且这些定量分析已成为岩石材料形变和断裂研究中不可缺少的部分。岩石材料断裂表面定量分析的方法之一就是用分形来表征断裂表面,它是岩石材料断裂表面粗糙度的一种度量。

分形理论的研究表明,岩石断裂表面可以用多重分形或各向异性的自相似性分形来准确描述。岩石断口表面可以看成统计自相似分形,可以用分形来定量地刻画断口表面的粗糙性。岩石断口表面的分数维数与材料断裂韧度的关系是负相关的,即材料断裂韧度随分数维数的增大而降低。岩石材料断裂后,断裂表面表现出来的不规则性反映了在断裂时损伤断裂的能量耗散及微结构效应,根据断口的分数维可追溯到岩石断裂时的宏观力学行为。分数维数 D 是断面不规则程度的度量,D 越大,偏离标准图像越远,不规则程度越大。

采用分形方法还可以进行微破裂的研究,谢和平教授等提出的岩石微破裂的分形模型如图 11-2 所示。图 11-2(a)中,$N=2$,$r=1/1.732$,分数维数 $D=\lg2/\lg1.732=1.26$;图 11-2(b)中 $D=\lg4/\lg3=1.26$;图 11-2(c)中,$D=\lg3/\lg2.236=1.37$;图 11-2(d)中,$D=\lg5/\lg3.605=1.26$。

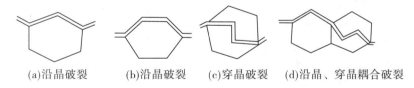

(a)沿晶破裂　　　(b)沿晶破裂　　　(c)穿晶破裂　　(d)沿晶、穿晶耦合破裂

图 11-2　微破裂的分形模型

另外,岩石断裂的裂纹分布也具有分形特征,谢和平教授等提出的岩石的雁型裂纹的分形模型如图 10-3 所示。

岩石雁型裂纹的分布具有分形结构,并用有限生成步的 Cantor 集模拟了雁型裂纹,得到雁型裂纹的分数维数为

$$D = \lg N/\lg(2L/S) \tag{11-8}$$

式中　N——雁型裂纹的数目;

　　　L——雁型裂纹的总长度;

　　　S——雁型裂纹之间的间距,可由第 n 生成步构造得到。

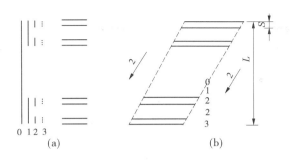

图 11-3 雁型裂纹的分形模型

11.3.3.4 岩石卸荷破坏表面裂纹的分形特征

1. 岩样表面裂纹提取

为获取岩样三轴卸围压试验破裂后的表面裂纹,用透明胶片纸附着在岩样的表面,而后用油性记号笔对破裂表面裂纹进行描绘,如图 11-4 所示。描绘结束后,将描绘有表面裂纹的胶片扫描成图片,如图 11-5(a)所示。

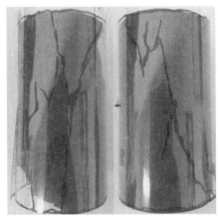

图 11-4 部分破裂岩样

2. 岩样表面裂纹分形特征

采用盒维数法计算岩样破裂表面的分形维数,如图 11-5(b)所示,图中曲线斜率即为破裂岩样裂纹的分形维数,拟合曲线 lgN(r)—lg(1/r) 数据的相关系数都在 0.94 左右,进一步表明破裂岩样的表面裂纹具有分形特性。

煤、砂岩在不同卸荷初始围压、不同卸围压速率下表面裂纹的分形维数计算结果如表 11-2所示。根据计算结果,得到不同初始卸荷围压及不同卸围压速率下岩样表面裂纹分形维数与围压及卸荷速率的关系,如图 11-6 所示。

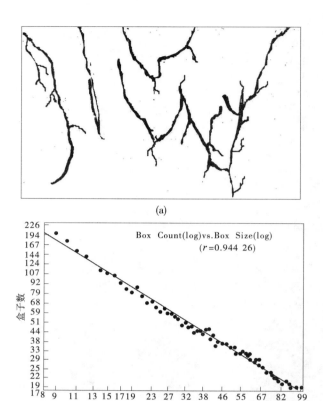

(a)

(b)

图 11-5　岩样表面裂纹分数维数计算曲线

表 11-2　不同试验条件下岩石表面裂纹分数维数

岩性	试验参量				
	σ_3 (MPa)	v_σ (MPa/s)	$\sigma_1 - \sigma_3$ (MPa)	分数维数	相关系数
煤	4	0.02	30.82	1.060 5	0.942 7
	4	0.05	29.15	1.077 0	0.956 2
	4	0.08	26.20	1.098 1	0.963 1
	7	0.02	36.15	1.062 4	0.955 4
	7	0.05	34.99	1.072 6	0.923 1
	7	0.08	35.20	1.077 4	0.963 5
	10	0.02	50.54	1.044 0	0.952 3
	10	0.05	48.75	1.058 7	0.944 2
	10	0.08	43.15	1.058 0	0.952 2
	10	0.11	44.10	1.074 0	0.963 3
	10	0.14	42.24	1.076 0	0.932 5

续表 11-2

岩性	试验参量				
	σ_3（MPa）	v_σ（MPa/s）	$\sigma_1 - \sigma_3$（MPa）	分数维数	相关系数
砂岩	4	0.02	131.33	1.024 0	0.095 2
	4	0.05	129.08	1.034 0	0.942 1
	4	0.08	120.40	1.059 0	0.936 5
	7	0.02	134.84	0.997 6	0.936 5
	7	0.05	132.39	1.019 0	0.952 1
	7	0.08	122.09	1.062 1	0.945 6
	10	0.02	147.18	0.920 6	0.947 1
	10	0.05	136.94	1.010 8	0.936 9
	10	0.08	134.59	1.014 0	0.935 4
	10	0.11	128.90	1.054 0	0.951 2
	10	0.14	128.36	1.062 6	0.943 2
	13	0.05	145.56	0.987 5	0.936 6
	16	0.05	154.78	0.937 1	0.941 2
	19	0.05	175.70	0.871 2	0.935 6

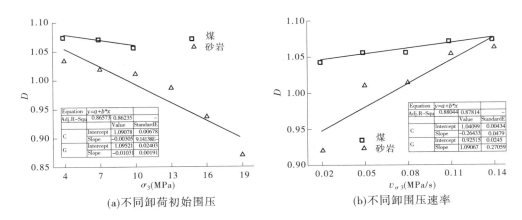

(a)不同卸荷初始围压　　　　　　　(b)不同卸围压速率

图 11-6　不同试验条件下岩样表面裂纹分数维数

　　由图 11-6(a)可以看出,煤、砂岩的分数维数的变化趋势基本相同,在同一卸围压速率下,随着围压的升高,分数维数呈减小趋势,表明初始卸荷围压提高后,岩样的破裂形式由低围压下的剪切加劈裂破坏向高围压下的主剪切破坏转变,围压越高剪切破坏越明显,表面裂纹的分数维数越小。

　　试验结果表明,岩石表面裂纹分形维数与围压之间符合 $y = ax + b$ 的线性关系,煤、砂

岩表面裂纹分形维数与围压之间回归关系式分别为

煤：$\qquad\qquad D = -0.003\,05\sigma_3 + 1.090\,7 \quad (R^2 = 0.865)$ $\qquad$ (11-9)

砂岩：$\qquad\qquad D = 0.010\,31\sigma_3 + 1.095\,2 \quad (R^2 = 0.862)$ $\qquad$ (11-10)

由图 11-6(b)可以看出,不同卸围压速率下,煤、砂岩的分形维数的变化趋势也相似,在同一初始卸荷围压下,随着卸围压速率的升高,分形维数呈增大趋势。由于卸围压速率越高,岩样卸围压开始至破坏经历的时间越短,岩样积聚的能量来不及消耗,岩样破裂时释放大量的能量,造成岩样产生近似于单轴压缩试验的破坏形式,使得岩样表面裂纹的分形维数增大。

试验结果表明,岩石表面裂纹分形维数与卸围压速率之间也符合 $y = ax + b$ 的线性关系,煤、砂岩表面裂纹分形维数与卸围压速率之间回归关系式分别为

煤：$\qquad\qquad D = 0.264\,33v_{\sigma_3} + 1.040\,9 \quad (R^2 = 0.880)$ $\qquad$ (11-11)

砂岩：$\qquad\qquad D = 1.090\,6v_{\sigma_3} + 0.925\,1 \quad (R^2 = 0.878)$ $\qquad$ (11-12)

综合煤、砂岩两种岩性岩样在不同初始卸围压及不同卸围压速率下表面裂纹的分形维数可知,不同岩性岩样表现出的分形特征不尽相同。从图 11-6 可以看出,煤岩的表面裂纹分形维数总体上要高于砂岩,如在围压 7 MPa、卸围压速率 0.05 MPa/s 时,煤、砂岩的分形维数分别为 1.07、1.03,表明岩样岩性对表面裂纹分形维数有明显的影响,内部裂隙、裂纹较多的煤样在相同试验条件下形成的表面裂纹更多。

11.4　混沌动力学与岩石力学

11.4.1　混沌动力学理论

混沌是一种貌似无规则的运动,指在确定性非线性系统中不需附加任何随机因素就可出现的类似随机的行为。混沌学科是随着现代科学技术的迅猛发展,尤其是在计算机技术出现和普遍应用的基础上发展起来的一门新兴交叉学科。混沌学被认为是继相对论和量子力学问世以来,20 世纪物理学的第三次革命,是非线性现象的核心问题。混沌之所以受到学术界如此广泛的重视,主要是因为在现代的物质世界中,混沌现象无处不在,大至宇宙,小至基本粒子,无不受混沌理论的支配。如气候变化会出现混沌,数学、物理、化学、生物、哲学、经济学、社会学、音乐、体育中也存在混沌现象。因此,科学家们认为,在现代科学中普遍存在的混沌现象,打破了不同科学间的界限,混沌科学是涉及系统总体本质的一门新兴科学。

混沌研究提出了一些新问题,它向传统的科学提出了挑战。如"决定论非周期流",即确定性系统中有时会表现出随机行为,这一论点打破了拉普拉斯决定论的经典理论,以至于连根深蒂固的牛顿力学也受到了它的冲击。美国数学家庞加莱(Poincare)及洛伦兹(Lorenz)的发现表明,在复杂性面前,牛顿力学也是无能为力的,从而拉开了混沌研究的序幕,使混沌的研究成果给自然科学的一些最基本概念,如确定性、随机性、统计规律等注入了新的含义,进而也给一些更普遍的哲学范畴如因果、机遇等赋予了新的含义。同时,数学中的动态系统理论、分叉理论、遍历性理论和分形几何学等都在混沌研究中起着不可

替代的作用。19 世纪中期,自然科学家首先在热力学研究中对混沌问题进行讨论,认为热力学的平衡问题实际上是一种混沌态。与此同时,科学家们还探讨了布朗运动、丁铎尔(Tyndall)现象、反应体系中反应基团的无规则碰撞等这些微观状态,发现它们与混沌有关,都是混沌无序的状态。19 世纪末 20 世纪初,庞加莱在研究三体问题时遇到了混沌问题,并于 1903 年在他的《科学与方法》一书中提出了庞加莱猜想。他把动力学系统和拓扑学有机地结合起来,指出三维问题中,在一定范围内,其解是随机的。实际上这是一种保守系统中的混沌,从而他成为世界上最先了解混沌存在可能性的第一人。20 世纪中后期,混沌现象得到了各领域研究者的认同,并受到了广泛的关注。各种研究成果的相继出现,为混沌学的诞生和茁壮成长奠定了坚实的基础。

混沌动力学理论在实际工程中的应用,离不开 Lyapunov 指数和 Kolmogorov 熵两个关键媒介。Lyapunov 指数不是局部,而是系统宏观、整体特性的表示,最大 Lyapunov 指数 LE_1 的数值或符号可以反映出系统所处的状态是混沌的、随机的、有序的还是临界的,对定性评价一个系统的稳定性具有实用价值。Kolmogorov 熵是一个系统被确定处于混沌状态后混沌程度的量度,该指标是系统稳定性程度定量评价的关键,实际应用中与 LE_1 的确定关系密切。同时 Renyi 二阶熵的倒数是一个系统的平均可预报时间尺度,是系统稳定性状态混沌预测的关键指标,在时间序列的实际计算中,常常取 Kolmogorov 熵的倒数近似为平均可预报时间尺度。因此,科学地确定 LE_1 具有重要的理论价值和实际意义。

Wolf 方法确定最大 Lyapunov 指数的过程如图 11-7 所示,是从单变量时间序列中提取 LE_1。

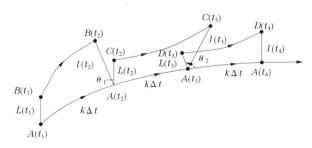

图 11-7　最大 Lyapunov 指数的确定过程

如图 11-7 所示,对单变量时间序列进行 m 维相空间重构,选择令相空间坐标相关性最小的时滞 τ,则在延拓的 m 维相空间内,初始参考相点为 $A(t_1)$:$(x(t_1)$, $x(t_1+\tau),\cdots,x(t_1+(m-1)\tau))$。

依据欧几里得空间意义上的两点间的距离公式,可求得初始相点 $A(t_1)$ 的最近郊点 $B(t_1)$,其间距为 $L(t_1)=\overline{A(t_1)B(t_1)}$。到时刻 $t_2=t_1+k\Delta t$ 时,$A(t_1)$ 和 $B(t_1)$ 分别演化到 $A(t_2)$ 和 $B(t_2)$,$A(t_2)$ 和 $B(t_2)$ 的间距为 $l(t_2)=\overline{A(t_2)B(t_2)}$。用 λ_1 表示 $k\Delta t$ 时间段内线段的指数增长率,则

$$\lambda_1 = \frac{1}{k\Delta t}\ln\frac{l(t_2)}{L(t_1)} \tag{11-13}$$

同样依据欧几里得空间意义上的两点间的距离公式,在相点 $A(t_2)$ 附近找到满足 θ_1

很小的近郊点 $C(t_2)$ ，其间距为 $L(t_2) = \overline{C(t_2)A(t_2)}$ 。到时刻 $t_3 = t_2 + k\Delta t$ 时，$A(t_2)$ 和 $C(t_2)$ 分别演化到 $A(t_3)$ 和 $C(t_3)$ ，$A(t_3)$ 和 $C(t_3)$ 的间距为 $l(t_3) = \overline{C(t_3)A(t_3)}$ 。用 λ_2 表示 $(t_3 - t_2)$ 时间段内线段的指数增长率，则

$$\lambda_2 = \frac{1}{k\Delta t}\ln\frac{l(t_3)}{L(t_2)} \tag{11-14}$$

依次类推，一直进行到点集 (x_i) 结束，$i = 1,2,\cdots,n'$。其中

$$n' = NN - m\tau - k\Delta t \tag{11-15}$$

式中　NN——时序样本空间；

　　　m——嵌入维数；

　　　τ——时滞；

　　　$k\Delta t$——演化步长。

取一系列 n' 个指数增长率的平均值，作为该嵌入维数下的最大 Lyapunov 指数估计值，即

$$LE_1(m) = \frac{1}{N}\sum_i^N\frac{1}{k\Delta t}\ln\frac{l(t_i)}{L(t_i - 1)} \tag{11-16}$$

式中　N——演化总步数，$N = \dfrac{n'}{k\Delta t}$。

依次增加嵌入维数，循环上述过程，直至 $LE_1(m)$ 趋向平稳，此时的 m 被称作饱和嵌入维数 m_c，此时的 $LE_1(m)$ 即为最大 Lyapunov 指数 LE_1。从时间序列中提取 LE_1 的意义在于，判断系统的动力学行为是否为混沌，指明系统的动力学行为在某方向上是指数发散还是收敛，给出系统的最大可预报时间尺度。但在实际计算中，需注重选择使序列分量相关性最小的时滞，嵌入维数要足够大，时间序列足够长。Lyapunov 指数与系统运动特性之间的对应关系为：$LE_1 < 0$ 时系统为定常运动；$LE_1 = 0$ 时系统为（准）周期运动；$LE_1 > 0$ 时系统为混沌运动；LE_1 趋于无穷大时系统为随机运动。

经典物理学中，熵是描述复杂系统无序程度（不确定性）的物理量，其概念的提出已有 160 年时间，Clausius 及 Boltzmann 提出熵作为热力学系统的状态函数 $S = KB\ln W$，在宏观（宏观量 S）与微观（微观状态数 W）之间架设了一座桥梁。之后统计物理和热力学成为了一门定量演化科学，而熵理论被广泛应用于其他领域并因此成为科学中的基本概念。Boltzmann1898 年提出熵可以作为系统无序性的度量，在此基础上，布鲁塞尔学派的 Prigogine 创立的非线性非平衡热力学进行了拓广，把一个非平衡开放系统的熵变 dS 分解为熵交换项 deS 和熵产生项 diS，建立了熵交换与物质流、能流，熵产生与系统内各种不可逆过程的明确关系；Shannon1948 年在通信问题研究中提出信息熵概念；20 世纪 50 年代末，Kolmogorov 为处理 Bernoulli 移位的同构问题而在遍历理论中引入了测度熵概念，并在 Sinai 和 Orstein 等的发展下成为测度动力系统中卓有成效的理论；20 世纪 60 年代中期，Adler、Konheim 与 McAndrew 为研究拓扑动力系统引入了拓扑熵概念。这些都是有关于不确定性的数学度量，在现代动力系统的研究中发挥着重要作用。

系统精度足够小时系统信息在足够长时间内的平均变化率为信息流率，即称为熵，是系统的状态函数。设系统在 t_1 时刻的信息量为 $I_1(t_1)$，在 t_2 时刻的信息量变为 $I_2(t_2,t_1)$，

则

$$K = \frac{I_2(t_2, t_1) - I_1(t_1)}{t_2 - t_1} = \lim_{\Delta t \to 0} \frac{I(t)}{\Delta t} \quad (\text{bit/ 时间}) \tag{11-17}$$

式（11-17）即为 Kolmogorov 熵，亦称为 Kolmogorov-Sinai 熵、测度熵或信息流率，是描述非线性系统产生信息量多少和快慢程度的物理量。在实用中，Kolmogorov 熵为所有正的 Lyapunov 指数之和，是一个系统被确定处于混沌状态后混沌程度的量度，是系统稳定性程度定量评价的关键指标。处于定常运动、周期运动和准周期运动状态的系统为有序系统，是完全可以预测的，所以其信息量不随时间发生任何变化，故 Kolmogorov 熵为 0；而随机系统的状态是完全不可预测的，因此 Kolmogorov 熵趋向无穷大；对混沌系统，因其初值敏感性而导致的某方向轨道的指数发散，任一初值的不确定性均将按指数规律放大，故 Kolmogorov 熵为一正值。熵增大的过程是系统无序度（混乱度）增加的过程：熵小则系统混乱度低，熵大则系统混乱度高。即熵是系统混乱度的度量，相应地可将负熵理解为系统有序度的度量。

11.4.2　混沌动力学理论应用的水平与问题

混沌理论的出现，为解决岩石材料的随机性及稳定性状态的非唯一性问题提供了新的方法。混沌理论的初值敏感依赖性观点，解释了许多确定性非线性动力学系统在受微扰后长期运动行为大的变化，以及呈现出的貌似随机的混沌状态。混沌理论的关键在于提供了将复杂或貌似随机的行为理解为有目的或有结构的行为的方法。然而，由于材料结构的复杂性、难以建立符合岩土工程实际的动力系统微分方程组、混沌理论需求的数学知识比较高深且可操作性差等，阻碍了混沌理论在岩土工程领域的深入应用，致使混沌理论对岩石材料破坏失稳非唯一性问题的研究，多数仍然停留在定性描述层次上。混沌理论在岩土工程领域的应用重点包括：对分维、功率谱、熵及 Lyapunov 指数等混沌数字特征的新算法研究；对现场采集时间序列进行分析，建立描述岩土工程实际运动规律的混沌理论模型，以期在混沌短时预测方面有所收获。

岩体工程具有不确定性：岩体是一种地质体，在漫长的地质年代中经历了长时期多循环的地质作用，作用强度不一，作用形式错综复杂，再加上人工因素影响，致使岩体的地质特征呈现强烈的空间变化性，不能准确构造岩体的工程力学模型；岩体工程的不确定性因素很多且难以定量估计，大量的统计分析只能减小量测"噪声"，岩体工程地质性质的固有变化性是永远存在的；岩体结构特征、强度和变形等参数的物理变化性可以通过考察样本数据实现定量化，但样本容量是关键的制约因素。岩体结构又具有非均质性：在漫长的地质历史中，形成结构面的力学条件及其他物理环境条件非常复杂，结构面是在岩体内部经地应力作用形成的，结构面的尺度指其面积的大小，结构面多数自然条件下处于压剪应力的作用下，故而多数是闭合的。岩体结构的非均质性和岩体工程的不确定性，导致岩石节理裂隙系统具有强烈的非线性特征且为复杂系统。复杂系统具有系统开放、远离平衡、自组织、内部非线性、演化过程不可逆、初值敏感、涨落和对称破缺等共性，复杂现象产生的主要原因包括系统演化过程的不可逆性、局部不稳定性和演变过程的非线性等。然而，经典科学以稳定、有序、单一、对称与平衡为主要特征，不涉及复杂性问题，因此需要寻找更适合的理论与方法,以解决岩石节理裂隙这一复杂系统的稳定性评价问题。

　　耗散结构理论由比利时科学家 Prigogine 于 1969 年提出,解决了 Clausius 热力学与 Darwin 进化论之间的矛盾问题。耗散结构是指在远离平衡条件下,系统借助于外界物质流和能流而维持的一种在空间及时间上的有序现象,其形成须具备系统为开放系统、远离平衡、内部各要素之间存在非线性作用和涨落导致有序四个条件。耗散结构理论的一个核心概念是熵,与外界环境无物质交换和能量交换等任何联系的系统为孤立系统,其熵增加并趋于极大值;与外界环境在给定温度下只有能量交换而无物质交换的系统为封闭系统,其自由能减小并趋于极小值;与外界环境既有能量交换又有物质交换的系统为开放系统,即存在熵交换是开放系统和孤立系统的本质区别,远离平衡态的开放系统的研究有赖于非线性动力学理论。地质系统演化过程的不可逆、非线性动力学机制所演化出的多样化自组织(或耗散结构)行为和混沌状态,是其复杂性的主要体现。因此,远离平衡条件下的非线性动力学机制是地质系统的内蕴特性,耗散结构理论是研究地质学的普适性原理,而非线性动力学及与之相关的数学专门学科(动力系统),则是揭示复杂现象动力学机制的主要方法。

　　岩石节理裂隙系统显然是开放的、不可逆的、初值敏感的、非线性的、耗散的和复杂的,选择非线性动力学理论研究其破坏机制是科学的。混沌动力学是非线性动力学理论的重要组成部分,其基本原理是,一个参数随时间而演化的序列不是孤立的,它受系统中多因素的综合影响,融合了复杂的、全面的系统信息,通过适合的相空间重构技术,对一个参数时间序列的分析可以再现系统的原始信息,可以对复杂的、貌似无序的时间序列提取一个宏观指标(如 Lyapunov 指数)进行定性评价,这是非线性动力学理论应用于岩石节理裂隙系统稳定性分析的基础。

本章小结

　　本章在介绍了岩土力学系统的基本问题、岩土力学系统功能及岩土力学系统演化过程的基础上,介绍了非线性科学的基本内容及其在岩石力学中应用的现状。进一步阐述了分形几何学及混沌动力学的基本理论,并介绍了分形几何学在岩石力学中的实际应用,以及混沌动力学理论应用的局限性。

思考题

1. 论述非线性科学研究的内容和原理。
2. 简述分形岩石力学的基本原理。
3. 简述混沌动力学的基本原理。
4. 非线性科学在岩石工程中意义和作用何在?

参考文献

[1] 李元松,张电吉,陈清运,等.高等岩土力学[M].武汉:武汉大学出版社,2013.

[2] 吴德伦,黄质宏,赵明阶.岩石力学[M].重庆:重庆大学出版社,2002.

[3] 高延法,张庆松.矿山岩体力学[M].徐州:中国矿业大学出版社,2000.

[4] 郭抗美.工程地质学[M].北京:中国建材工业出版社,2007.

[5] 张守义,冯卫星,景诗庭.我国岩土工程支护新技术的发展[J].工程力学,1998(增).

[6] 鹿志法.浅埋深煤层顶板力学结构与支架适应性研究[D].北京:煤炭科学研究总院,2007.

[7] 冯卫星,张国华,梁洪彪.京九铁路岐岭隧道进洞方案设计[J].石家庄铁道学院学报,1994,7(4).

[8] 张箴,吕和林.机械预切槽法及其在我国隧道工程中的发展前景[J].铁路工程建设科技动态报告文集,1992.

[9] 郝志宏,冯卫星.深基坑支护技术现状及展望[M].徐州:中国矿业大学出版社,1997.

[10] 梁炯钧.锚固技术十年发展与展望[C]∥锚固与注浆全国首届学术会议论文集.乌鲁木齐:新疆科技卫生出版杜,1995.

[11] 刘泽钧.天生桥二级电站厂房高边坡稳定性的探讨[M].郑州:黄河水利出版社,1997.

[12] 田裕甲.土钉墙技术与深基坑支护锚固与注浆[C]∥全国首届学术会议论文集.乌鲁木齐:新疆科技卫生出版社,1995.

[13] 黄宏伟,孙钧.三峡工程船闸区高边坡稳定性的系统动态预报反演模型[C]∥面向21世纪的岩石力学与工程.中国岩石力学与工程学会第四次学术大会论文集.北京:中国科学技术出版社,1996.

[14] 孙钧,凌建明.三峡船闸高边坡岩体的细观损伤及长期稳定性研究[J].岩石力学与工程学报,1997,(1).

[15] 谢量瀛,韩少光,杨和平.管棚锚固与注浆技术在地铁西单站的应用[M].北京:科学出版社,1995.

[16] 范维唐.跨世纪煤炭科技发展趋势[J].世界科技研究与发展,1998,20(5).

[17] 李希勇,孙庆国.深部巷道围岩工程控制理论及支护实践[M].徐州:中国矿业大学出版社,2001.

[18] 陈宗基.根据流变学与地球动力学的观点研究新奥法[J].岩石力学与工程学报,1988,7(2).

[19] 郑雨天.岩石力学的弹塑粘性理论基础[M].北京:煤炭工业出版社,1985.

[20] 穆霞英.蠕变力学[M].西安:西安交通大学出版社,1990.

[21] 刘特洪,林天健.软岩工程设计理论与施工实践[M].北京:中国建筑工业出版社,2001.

[22] Wawerisk W. R. Time-dependent rock behavior in uniaxial compression[J]. Proc. 14th. Symp. Rockmeck. ,U. S. A. ,1972.

[23] 尹祥础.固体力学[M].北京:地震出版社,1985.

[24] 周维桓.高等岩石力学[M].北京:水利水电出版社,1990.

[25] 周光泉,刘孝敏.粘弹性理论[M].北京:中国科技大学出版社,1996.

[26] 于学馥,于加,葛树高,等.岩石记忆与开挖理论[M].北京:冶金出版社,1993.

[27] 缪协兴.软岩巷道围岩流变大变形有限元计算方法[J].岩土力学,1995,16(2).

[28] 范秋雁.软岩流变地压控制原理[J].中国矿业,1996,5(4).

[29] 郭志.软岩流变过程与强度研究[J].工程地质学报,1996,4(1).

[30] 朱维申.粘弹-塑性介质中围岩与衬砌的应力状态[J].力学学报,1981(1).

[31] 孙钧,汪炳鉴.地下结构有限元法解析[M].上海:同济大学出版社,1988.

[32] 孙钧.地下工程设计与实践[M].上海:上海科学技术出版社,1996.

[33] 张向东,郑雨天,吕兴亚,等.软弱岩体 Berger 模型及井巷流变地压[J].中国有色金属学报,1997,7(1).

[34] 范华林,金丰年.岩石损伤定义中的有效模量法[J].岩石力学与工程学报,2000,19(4).

[35] 王红伟,王希良,彭苏萍,等.软岩巷道围岩流变特性试验研究[J].地下空间,2001,21(5).

[36] 缪协兴.采动岩体的流变与控制技术[J].力学与实践,2001,23(3).

[37] 张玉军,刘谊平.正交各向异性岩体中地下硐室稳定的黏弹－黏塑性三维有限元分析[J].岩土力学,2002,23(3).

[38] 朱合华,叶斌.饱水状态下隧道围岩蠕变力学性质的试验研究[J].岩石力学与工程学报,2002,21(12).

[39] 徐平,杨挺青,徐春敏,等.三峡船闸高边坡岩体时效特性及长期稳定性分析[J].岩石力学与工程学报,2002,21(2).

[40] 赵淑萍,何平,朱元林,等.冻结砂土在动荷载下的蠕变特征[J].冰川冻土,2002,24(3).

[41] 曹树刚,边金,李鹏.岩石蠕变试验与理论模型分析的对比[J].重庆大学学报,2002,25(7).

[42] 潘长良,陈沅江,曹平,等.岩石蠕变过程的不可逆热力学分析[J].中南大学学报,2002,33(5).

[43] 高延法.岩石真三轴压力试验与岩体损伤力学[M].北京:地震出版社,1999.

[44] 郑哲敏.21世纪初的力学发展趋势[J].力学进展,1995,25(4).

[45] 郑颖人,刘兴华.近代非线性科学与岩石力学问题[J].岩土工程学报,1996,18(1).

[46] 颜伟.岩石蠕变的 FEM 和 PCA 模拟算法研究[D].青岛:山东科技大学,2005.

[47] 杨卫.固体破坏理论的若干问题[J].上海力学,1998,19(4).

[48] 谢和平,刘夕才,王金安.关于21世纪岩石力学发展战略的思考[J].岩土工程学报,1996,18(4).

[49] 杨卫.宏微观断裂力学[M].北京:国防工业出版社,1995.

[50] 杨更社,孙钧.中国岩石力学的研究现状及其展望分析[J].西安公路交通大学学报,2001,21(3).

[51] 吕爱钟.试论我国岩石力学的研究状况及其进展[J].岩土力学,2004,25(增).

[52] 汪志明.用岩石的峰后特性分析巷道支护现状及对策[J].矿业安全与环保,2005,32(1).

[53] 孙广忠.岩体结构力学[M].北京:科学出版社,1998.

[54] 夏才初,孙宗颀.工程岩体节理力学[M].上海:同济大学出版社,2002.

[55] 刘再华,解德,王元汉,等.工程断裂动力学[M].武汉:华中理工大学出版社,1996.

[56] 杨广里,等.断裂力学及应用[M].北京:中国铁道出版社,1990.

[57] 杨松林,徐卫亚,朱焕春.锚杆在节理中的加固作用[J].岩土力学,2002,23(5).

[58] 张梅英,袁建新,李廷芥,等.单轴压缩过程中岩石变形破坏机理[J].岩石力学与工程学报,1998,17(1).

[59] 杨延毅.加锚层状岩体的变形破坏过程与加固效果分析模型[J].岩石力学与工程学报,1994,13(4).

[60] 朱维申,张玉军.三峡船闸高边坡节理岩体稳定分析及加固方案初步研究[J].岩石力学与工程学报,1996,15(4).

[61] 宋选民,顾铁凤,柳崇伟.受贯通裂隙控制岩体巷道稳定性试验研究[J].岩石力学与工程学报,2002,21(12).

[62] 黄明利.岩石多裂纹相互作用破坏机制的研究[J].岩石力学与工程学报,2001,20(3).

[63] 孙钧.岩土材料流变及其工程应用[M].北京:中国建筑工业出版社,1999.

[64] 陈子荫.围岩力学分析中的解析方法[M].北京:煤炭工业出版社,1994.

[65] Griggs D. Creep of rocks[J]. Geol. 1939(47).

［66］Robertson E. C. Viscoelasticity of rock, in State of Stress in the Earth's Crust（W. R. Judd Ed. ）［J］. New York：Elsevier，1964.

［67］Lama R. D. , Vulukuri V. S. Handbook on Mechanical Properties of Rocks［J］. TRANS TECH PUBLICA-TIONS，1978.

［68］Ito H，Sasajima S. Auten year creep experiment on small rock specimens［J］. Int. J. Rock Mech. Mine. Sci. and Geomech. Abstr. , 1987，24（2）.

［69］R. E. Goodman. 岩石力学原理及其应用［M］. 北京：水利电力出版社，1990.

［70］陶振宇. 岩石力学理论与实践［M］. 北京：水利出版社，1981.

［71］孙钧，李永盛. 岩石流变力学及其工程应用［A］∥岩石力学新进展［C］. 沈阳：东北工学院出版社，1989.

［72］章根德，何鲜，朱维耀. 岩石介质流变学［M］. 北京：科学技术出版社，1999.

［73］李永盛. 单轴压缩条件下四种岩石的蠕变和松弛试验研究［J］. 岩石力学与工程学报，1995，16（1）.

［74］Li Yongsheng，Xia Caichu. Timedependent tests on intact rocks in uniaxial compression［J］. Int. J. Rock Mech. Mine Sci. and Geomech. Abstr. ，2000，（37）.

［75］张向东，郑雨天，肖裕行. 第三系软弱岩体蠕变理论［J］. 东北大学学报，1997，18（1）.

［76］金丰年. 岩石拉压特征的相似性［J］. 岩土工程学报，1998，20（3）.

［77］山下秀，等. 岩石蠕变及疲劳破坏过程和破坏极限研究［J］. 辽宁工程技术大学学报，1999，18（5）.

［78］Xu Ping，Yang Tingqing. A study of the creep of granite［A］∥In：Proc. of IMMM95［C］. Beijing：International Academaic Publishers，1995.

［79］徐平，夏熙伦. 三峡工程花岗岩蠕变特性试验研究［J］. 岩土工程学报，1996，18（4）.

［80］夏熙伦，徐平，丁秀丽. 岩石流变特性及高边坡稳定性流变分折［J］. 岩石力学与工程学报，1996，15（4）.

［81］Maranini E，Brignoli M. Creep behaviour of a weak rock：experimental characterization［J］. Int. J. Rock Mech. Mine Sci. and Geomech. Abstr. ，1999，36（1）.

［82］吴刚. 红砂岩卸荷破坏特性的试验研究［A］∥岩土力学与工程第二届全国岩土力学与工程青年工作者学术讨论会论文集［C］. 大连：大连理工大学出版社，1995.

［83］Sun Jun，Hu Y Y. Timedependent effects on the tensile strength of saturated granite at Three Gorges Project in China［J］. Int. J. Rock Mech. Mine Sci. and Gromech. Abstr. ，1997（34）.

［84］李建林. 岩石拉剪流变特性的试验研究［J］. 岩土工程学报，2000，22（3）.

［85］许宏发. 软岩强度和弹模的时间效应研究［J］. 岩石力学与工程学报，1997，16（3）.

［86］邓广哲，朱维申. 岩体裂隙非线性蠕变过程特性与应用研究［J］. 岩石力学与工程学报，1998，17（4）.

［87］邓广哲，朱维申. 蠕变裂隙扩展与岩石长时强度效应实验研究［J］. 实验力学，2002，17（2）.

［88］陈有亮，孙钧. 岩石的蠕变断裂特性分析［J］. 同济大学学报，1996，24（5）.

［89］陈有亮，刘涛. 岩石流变断裂扩展的力学分析［J］. 上海大学学报，2000，6（6）.

［90］陈有亮. 岩石蠕变断裂特性的试验研究［J］. 力学学报，2003，33（4）.

［91］张晓春，杨挺青，缪协兴. 岩石裂纹演化及其力学特性的研究进展［J］. 力学进展，1999，29（1）.

［92］Yang Gengshe，Zhang Ghangqing. Rock mass damage and monitoring［M］. Xi'an：Shanxi Science and Technology Press. 1998.

［93］Ge Xiurun，Ren Jian，et al. A real－intime CT triaxial testing study of mesodamage evolution law of coal ［J］. Chinese Journal of Rock. Mechanics and Engineering，1999，18（5）.

［94］ Ge Xiurun, Ren Jianxi, et al. Study on the real intime CT test of the rock mesodamage propagation law ［J］. Science in China, Series E. 2000, 30(2).

［95］ Ren Jianxi, Ge Xiurun, et al. Study of rock mesodamage propagation law in the uniaxial compression loading and its constitutive mode［J］. Chinese Journal of Rock Mechanics and Engineering, 2001, 20(4).

［96］ 任建喜. 单轴压缩岩石蠕变损伤扩展细观机理 CT 实时试验［J］. 水利学报, 2001(1).

［97］ 徐平, 杨挺青. 岩石流变试验与本构模型辨识［J］. 岩石力学与工程学报, 2001.

［98］ 范庆忠. 岩石蠕变及其扰动效应试验研究［D］. 青岛: 山东科技大学, 2006.

［99］ 谭云亮, 刘传孝, 赵同彬. 岩石非线性动力学初论［M］. 北京: 煤炭工业出版社, 2008.

［100］ 宋飞, 赵法锁. 分级加载下岩石流变的神经网络模型［J］. 岩石力学, 2006, 27(7).

［101］ 郭增玉, 张朝鹏, 夏旺民. 高湿度 Q_2 黄土的非线性流变本构模型及参数［J］. 岩石力学与工程学报, 2000, 19(6).

［102］ 陶振宇, 王宏, 余启华. 分级加载下大理岩的流变特性试验研究［J］. 四川水利发电, 1991 (1).

［103］ 张忠亭, 罗居剑. 分级加载下岩石蠕变特性研究［J］. 岩石力学与工程学报, 2004, 23(2).

［104］ 赵法锁, 张伯友, 彭建兵, 等. 仁义河特大桥南桥台边坡软岩流变性研究［J］. 岩石力学与工程学报, 2002, 21(10).

［105］ 王永安. 综放面端头自移式超前支护液压支架的设计研究［D］. 青岛: 山东科技大学, 2005.

［106］ 王卫军, 侯朝炯, 冯涛. 动压巷道底鼓［M］. 北京: 煤炭工业出版社, 2003.